快速开关
消弧消谐技术

国网宁夏电力有限公司电力科学研究院　编

吴旭涛　主编

中国电力出版社
CHINA ELECTRIC POWER PRESS

内 容 提 要

本书共分 4 章，介绍了配电网中性点接地方式及中性点非有效接地系统消弧消谐技术现状，阐述了中性点非有效接地系统不同条件下单相接地故障判别方法、基于快速开关消弧消谐技术的单相接地故障选线及定位方法，介绍了快速开关型消弧消谐装置研制及试运行情况。

本书可供从事配电网规划、设计、试验、检修、运行调度人员及相关管理人员阅读使用，也可作为科研单位、高等院校相关人员的参考用书。

图书在版编目（CIP）数据

快速开关消弧消谐技术 / 吴旭涛主编；国网宁夏电力有限公司电力科学研究院编 . —北京：中国电力出版社，2019.7（2023.11 重印）

ISBN 978-7-5198-3228-5

Ⅰ.①快…　Ⅱ.①吴…　②国…　Ⅲ.①配电系统—小电流接地系统—故障诊断②配电系统—接地保护—故障诊断　Ⅳ.① TM72

中国版本图书馆 CIP 数据核字（2019）第 106744 号

出版发行：中国电力出版社
地　　址：北京市东城区北京站西街 19 号（邮政编码 100005）
网　　址：http://www.cepp.sgcc.com.cn
责任编辑：陈　丽（010–63412348）　陈　倩（010–63412512）
责任校对：黄　蓓　王海南
装帧设计：赵丽媛
责任印制：石　雷

印　　刷：廊坊市文峰档案印务有限公司
版　　次：2019 年 7 月第一版
印　　次：2023 年 11 月北京第二次印刷
开　　本：710 毫米 × 1000 毫米　16 开本
印　　张：12.5
字　　数：217 千字
印　　数：1001—1500 册
定　　价：72.00 元

编 委 会

主　　编　吴旭涛

副 主 编　艾绍贵　王　羽　陈　凯

参编人员　马云龙　叶逢春　文习山　李秀广　陈小月　丁　培
　　　　　　周　秀　鲁海亮　马　波　刘世涛

单相接地是电力系统的主要故障形式。在中性点不接地系统中，单相接地不改变电源变压器三相绕组电压的对称性，因此一般不必立即切除线路中断对用户的供电。对于 66kV 及以下电压等级系统，采用中性点不接地方式运行，能够有效提高供电可靠性，不会显著增加投资。

中性点不接地系统中，曾经采用中性点经消弧线圈接地以避免弧光接地事故，也曾经采用在电压互感器高压绕组尾端串接碳化硅（SiC）消谐器来抑制铁磁谐振，但效果均不理想。

弧光接地转移法是近年来出现的中性点不接地系统消弧新手段。此种方法是在系统母线上安装能够分相操作的接地开关，当线路发生单相接地时，母线对应相接地开关动作，将该相接地转化为金属性接地，从而避免弧光接地带来的危害。显然，接地开关动作速度越快，弧光接地带来的危害越低。然而接地开关一旦错误动作，将会造成系统短路的严重后果。这就要求在极短时间内，对不同条件下单相接地故障作出准确判断，同时需要剔除电压互感器铁磁谐振等原因造成的接地假象。此外，为了尽快消除故障，还需要实现与开关快速动作相适应的故障选线及定位。2016 年，由国网宁夏电力科学研究院牵头，会同武汉大学、南京南瑞集团公司等单位，承担了国家电网公司"适用于电缆、架空及混联线路的快速开关型消弧消谐技术研究及装置研制"项目，对相关问题开展了研究，并取得了一批成果。本书就是对这些成果的归纳和总结。

本书重点阐述了配电网中性点非有效接地系统不同条件下单相接地故障判别方法，基于快速开关消弧消谐技术的单相接地故障选线及定位方法，介绍了快速开关型消弧消谐装置研制及试运行情况。期望本书能够对推动弧光接地转移法推广应用，降低弧光接地危害，提高配网供电可靠性发挥作用。

本书的编写得到了武汉大学文习山、王羽、陈小月、鲁海亮，以及南京南瑞集团公司陈凯工程师的大力支持和帮助，在此表示感谢。

限于作者水平，书中不妥和错误之处在所难免，恳请专家、同行和读者给予批评指正。

作　者

2019 年 1 月

目 录

前 言

1

概　　述

1.1　配电网中性点接地方式

配电网中性点接地方式的选择与电力系统安全和运行可靠性、经济性密切相关。配电网中性点非有效接地方式可分为中性点不接地方式、中性点电阻接地方式、中性点谐振接地方式，一般根据配电网电压等级、线路类型和单相接地故障电容电流的大小来选择合适的中性点接地方式。

采用中性点不接地方式的配电网允许系统带单相接地故障继续运行 2h，有较高的供电可靠性，适用于系统电容电流不大的小电网。此类电网通常由架空输电线路构成，当发生概率极大的绝缘子闪络造成的单相接地故障时，电弧可自行熄灭，绝缘能够自行恢复。当系统电容电流较大时，易形成间歇性电弧，引起弧光接地过电压，对弱绝缘设备威胁极大，有可能引发相间短路。当电容电流更大时，单相接地故障易形成稳定电弧，可能在很短的时间内发展成两相短路或三相短路等更为严重的情况，不可能带故障运行 2h。通常存在电缆线路的配电网，系统具有较大的电容电流，同时电缆绝缘不可恢复，因此不适合采用中性点不接地方式。

中性点谐振接地方式是我国配电网中普遍采用的方式。接入中性点的消弧线圈可以补偿单相接地的电容电流，电弧易于熄灭且不易重燃，缩短了间歇性电弧过电压持续时间，降低了高幅值过电压出现的概率，抑制弧光接地过电压的形成。为使经消弧线圈补偿后的故障电流较小易于过零熄灭，脱谐度一般不宜超过 10%。然而，当系统中线路较多时，一方面，由于电容电流过大，使得在一定脱谐度下故障点残留电流仍然不能满足系统安全运行要求；另一方面，电容电流越大，消弧线圈的电感值也越大，那么消弧线圈中的电阻分量就不容忽略，当故障点处的电阻性电流分量超过要求的范围时，系统也可能发生间歇性弧光接地过电压。另外，系统经消弧线圈接地时，流经故障点的电流除了工频分量还有高频振荡分量，而消弧线圈不能补偿高频振荡电流，线路电容较大时，高频振荡分量幅值大。衰减慢，在工频电流过零时，高频振荡电流仍然有很大的幅值。因此，随着配电网规模的不断扩大，消弧线圈已逐渐难以发挥应有作用。而且，中性点谐振接地方式的系统发生单相接地故障时，由于消弧线圈的补偿作用，故障电流值较小以及故障电弧不稳定等因素，会降低选线装置的灵敏度和可靠性。

随着我国经济的发展，城市配电网开始大量采用以电缆为主、架空线路为辅的供电模式，配电系统的电容电流不断增大，最严重的情况甚至达到数百安培以上。针对城市配电网中主要由电缆线路构成的系统，可采用中性点低电阻接地方式，发生单相接地故障时，接地电流很高，可以保证继电保护装置有足够的灵敏度；电阻器可以泄放弧光接地过电压中的电磁能量，降低过电压水平。对于发展成熟的配电网，在系统冗余满足要求的条件下，通过配电网自动化技术的应用，中性点低电阻接地方式是能够满足供电可靠性要求的。然而我国尚处于发展阶段，大多数配电网都处于不断变化中，当采用中性点低电阻接地方式时，即便应用了配电网自动化，也难以满足供电可靠性要求。

如前所述，在容性电流越来越大的现代化配电网中，中性点不接地方式、中性点谐振接地方式和中性点低电阻接地方式在应用中都存在一定的局限和不足，人们在不断改善它们工作效能的同时，也在思考和尝试使用新的消弧措施。快速开关型消弧技术就是近年来提出和应用于实际的一种新型消弧技术。

1.2 配电网消弧技术

交流输电网发展初期，为了解决单相接地故障时短路电流引起的弧光接地过电压问题，主要采用两种方法。一种是由德国工程师彼得逊在 1916 年提出并应用的中性点经消弧线圈接地方法。这种方法在多种电压等级的电力网中得到应用，如柏林市的 30kV 电力网中电缆长达 1600km，对地电容电流高达 4000A，分别在 18 个变电站装设 41 台消弧线圈，较好地解决了单相接地引起的弧光过电压，同时很好地解决了电网这个强干扰源对电信和铁路通信的危害。另一种是美国在 20 世纪 20 年代中期开始采用的中性点直接接地和经低电阻、低电抗等接地方式，并配合继电保护和开关装置，瞬间跳开故障线路，这种方式一直延续至今。苏联、英国、日本等国的配电网中性点接地方式也不外乎以上两种。总之，世界各国的配电网中性点在 20 世纪 50 年代前后，大都采用经消弧线圈接地方式，到 60 年代后，逐步采用直接接地和低电阻接地方式，但也不尽相同。

从配电网消弧技术的原理来说，大致上可以分为电流型消弧方式和电压型消弧方式，以下从这两类分别展开论述。

1.2.1　电流型消弧方式

电流型消弧技术的原理是通过在中性点采取措施补偿接地故障电容电流，达到消除接地电弧的目的，可分为无源式和有源式。无源电流型消弧技术是直接利用故障时中性点电压作为电源，在阻抗装置上产生感性电流以补偿接地电容电流，最典型的就是消弧线圈；有源电流型消弧技术则是在无源消弧线圈的基础上通过有源逆变器注入电流补偿剩余的故障残流，达到全电流补偿的目的。

1.2.1.1　中性点经消弧线圈接地方式

消弧线圈在配电网中应用得非常广泛，大量运行经验表明采用谐振接地方式后供电质量有显著提高。但是随着配电网的发展，消弧线圈也暴露出诸多问题。

（1）消弧线圈无法实现全补偿。主要有以下原因：①消弧线圈的部分调谐方式不能实现连续调节，一般只有预先制定的几个挡位，这样必然导致消弧线圈补偿的电感电流与实际系统中电容电流存在一定差值；②消弧线圈只能补偿故障基波电容电流，不能补偿高频分量，而且还会引入阻性分量；③一些配电系统故障电容电流已经超过原有消弧线圈的最大补偿量，而当电容电流超过 200A 时，再增加消弧线圈的容量将使其经济性大大降低；④间歇性电弧引起的高频振荡与工频相差较大，所以消弧线圈以工频电感电流来进行补偿时，与实际系统电容电流差异较大。

（2）消弧线圈影响继电保护选择性。配电网单相接地故障电流本身比较小，采用消弧线圈后，故障线路的电容电流可能比非故障线路还要低，导致常规基于零序电流的继电保护装置难以准确地检测出故障线路，虽然有很多新型的选线原理相继出现，但是实际运行效果均不太理想，容易造成一些健全线路停电。

（3）消弧线圈引起串联谐振。为了使单相接地故障电流尽量小，消弧线圈电抗应尽可能接近系统容抗，即运行在接近完全调谐的状态，而由于中性点存在因系统三相不对称产生的不平衡电压，造成系统发生串联谐振，中性点电压升高，与单相接地故障特征类似，即出现"虚幻接地"现象。为了避免消弧线圈在正常运行或者故障消除时与系统电容发生串联谐振，必须牺牲补偿效果，将消弧线圈运行在过补偿状态；但即使这样，仍然会出现由于消弧线圈调谐不当等原因发生串联谐振，导致系统误切除正常运行的线路，影响供电可靠性。

1.2.1.2　自动跟踪漏电流全补偿方式

自动跟踪漏电流全补偿方式不需要附加电源，属于无源电流型消弧方式，主要是针对接地残流中的有功分量，通过在单相接地故障的超前相或滞后相接入电感或者电容，调控补偿电感电流的幅值等于接地故障电流且方向相反，从而使接地故障电流趋近于零。

这种方式若应用于实际配电网，首先需要安装分相操作开关和电感、电容，而且电感和电容均是在线电压运行的情况下投入系统，危险性大；另外，该方法并不能补偿故障残流中的谐波分量，并不是严格意义上的全补偿。所以自动跟踪漏电流的全补偿方法并未得到实际应用。

1.2.1.3　残余电流补偿装置。

瑞典在 1992 年提出残余电流补偿的概念，并成功研制出残流补偿（Residual Current Compensation，RCC）装置。此装置与消弧线圈相配合，利用消弧线圈补偿故障电流中的大部分无功分量，残余电流补偿装置补偿接地电流中剩余的部分无功分量、所有的有功分量和谐波分量。RCC 装置基本结构如图 1-1 所示，补偿电流由柔性交流输电（Flexible AC Transmission System，FACTS）装置生成，并利用闭环控制环节，对注入电流进行反馈调节，直至实现全补偿。

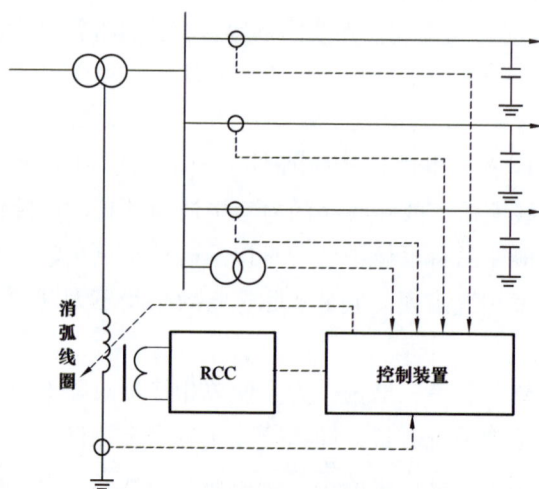

图 1-1　RCC 装置基本结构图

RCC 装置在实际系统中已投入运行相当长的时间，取得了较大成功，但是装置是通过控制补偿后的配电网零序导纳与故障前相等来判断是否实现全补偿，若故障后系统出线结构发生变化，将导致补偿电流的误差较大。

1.2.1.4　宽带接地故障电流补偿装置

宽带接地故障电流补偿装置的原理也是通过消弧线圈结合注入电流实现对电容电流、谐波电流的全补偿，其核心是自动跟踪消弧系统附加装置，基本结构如图 1-2 所示，需要先确定故障线路，然后利用自动跟踪消弧系统附加装置的数据流控制算法单元的输出量，从而控制自动跟踪消弧系统附加装置动力部分的逆变器提供电流数值，将该电流通过宽频脉冲调制后注入配电网中即可达到补偿故障残流的目的。

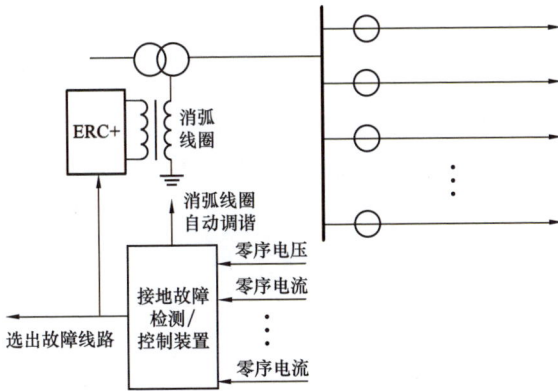

图 1-2　宽带接地故障电流补偿装置基本结构

"ERC+ 装置"对选线的准确性和快速性要求较高，而且为了使补偿谐波分量达到要求的精度，就必须要有较高的采样速度来测量零序电流的变化，对测量设备要求较高，实际应用较为困难。

1.2.1.5　主从式消弧线圈

华北电力大学提出的新型主从式消弧线圈的结构简图如 1-3 所示。自动调谐式主消弧线圈负责补偿接地故障电流中大部分的工频电容电流，从消弧线圈与主消弧线圈并联，采用脉宽调制（Pulse -width Modulation，PWM）控制的有源逆变器产生补偿电流，在从消弧线圈二次侧注入，补偿剩余的有功、无功和谐波电流。

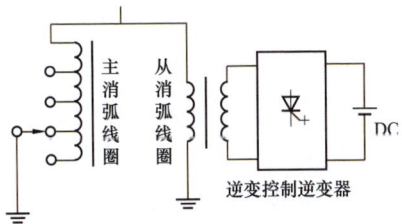

图 1-3　主从式消弧线圈结构简图

由于系统故障残流无法直接测量，装置的补偿量是利用单相接地故障的历史录波数据进行估算得到的，实际故障电流与估算值必定存在差异，导致补偿精度不高；而且主从式消弧线圈依赖于小电流选线装置，但是谐振接地系统中选线准确率均不高。

1.2.2 电压型消弧方式

电压型消弧技术的基本原理是控制故障相恢复电压，也能够实现弧光接地故障的完全消除，同样可分为无源式和有源式。无源电压型消弧方式主要是将线路上的接地故障转移到电站母线上金属性接地、经电抗器接地和经氧化锌电阻接地等；现阶段的有源电压型消弧方式则主要是柔性接地的消弧方法。

1.2.2.1 无源电压型消弧方式

将线路上弧光接地故障转移到电站母线上金属性接地的消弧方式是电压型消弧技术中应用相对广泛的一类，系统检测到单相接地故障后，由分相控制的开关将故障相进行人工金属性接地，故障点的接地电流被转移到电站内，恢复电压也被控制在较低值，电弧会自然熄灭并且不会重燃。

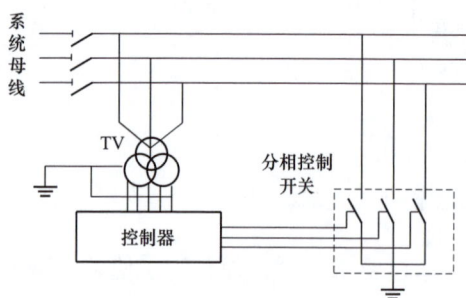

图 1-4 消弧柜结构简图

以无源电压型消弧技术为理论依据的消弧柜在冶金、炼化企业中已得到应用，装置结构简图如 1-4 所示，其主要优点有：

（1）消弧柜可以彻底地消除弧光接地过电压，不需要考虑系统对地电容电流大小，不受系统运行方式、线路参数的影响。

（2）安装消弧柜的系统采用中性点不接地运行方式，避免了消弧线圈带来的串联谐振和选线灵敏度低等问题。

（3）消弧柜结构简单，便于安装、调试和维护。但是，这类消弧装置需要与很准确的选相模块配合，而且目前各厂家生产的消弧柜动作时间均为80ms 甚至 100ms 以上，在装置动作前故障很可能进一步发展，因此应用范围有所限制，需要进一步完善装置的性能。

无源电压型消弧技术中还有将弧光接地转换为电抗器接地和氧化锌电阻接地的消弧方式，即通过小电抗和氧化锌电阻来限制故障相恢复电压达到消除弧光接地故障的目的。小电抗接地消弧方式的优点是故障相通过电抗器稳定接地，达到了消除故障的目的，且没有将故障转移至电站，对系统的冲击较小，安全性较高；但是在故障过渡电阻很小的情况下，电抗器分流效果不明显，故障点接地电流无法被转移，这时如果系统继续带故障运行，仍然会产生间歇性弧光接地过电压，对系统绝缘造成危害。而经氧化锌电阻接地的消弧方式只能应用于系统电容电流小于 5A 的 10kV 配电网中，当故障电容电流较大时，无法起到熄弧作用；而且氧化锌电阻通流容量都有一定的限制，长时间流过故障电流很容易造成电阻被击穿而损坏，甚至引起爆炸事故，安全性差。

1.2.2.2 有源电压型消弧方式

长沙理工大学曾祥君教授提出的柔性接地消弧方法，其原理是利用有源补偿装置向电网注入零序电流，从而控制中性点零序电压，使故障点恢复电压降为零或接近零，即破坏电弧重燃条件，从而达到消除故障电弧的目的，其结构简图如图 1-5 所示。

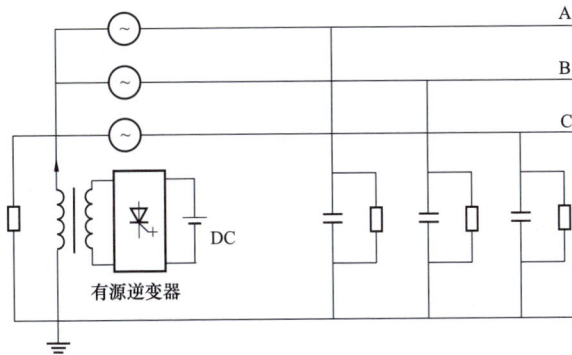

图 1-5　柔性接地消弧结构简图

采用柔性接地控制的消弧方式时，首先判断出故障相，然后进行计算得出需要注入零序电流的大小，控制逆变器生成相应大小的零序电流，强制故障点恢复电压为 0，故障点电流也为 0。而且注入的零序电流幅值大小与故障过渡电阻无关，只需要利用配电网中一些固定不变的系统参数进行计算，包括中性点阻抗、电源电动势、线路对地电容，因此可适应不同类型的接地故障。另外，将故障相电压控制一段时间，保证暂时性故障能够熄弧后，可通过调整注入电流的大小，然后测量中性点零序电压和线路零序电流的变化情况，判断接地故障是否依然存在，即是否为永久性故障，实现接地故障的动态感知。

柔性接地消弧虽然是通过控制恢复电压达到消弧目的，但是其本质还是对故障电流的有源补偿。该方法在故障接地过渡电阻较大时，因为故障点电流较小，需要注入的电流较小，熄弧效果较好；但是当过渡电阻较小的情况，需要注入的电流很大，可能存在难以实现对故障相恢复电压的控制，造成熄弧困难。

1.3 配电网消谐技术

在电力系统的振荡回路中，由于电压互感器是带铁芯电感元件，如果系统中有某种大扰动或操作发生，那么电压互感器的非线性铁芯就可能饱和，从而与线路和设备的对地电容形成特殊的单相或者三相共振回路，导致持续且幅值较高的过电压，这就是铁磁谐振过电压。已有的运行经验表明，在35kV 及以下的中性点不接地系统中，铁磁谐振是一种常见的现象，且频繁地引起运行中的电压互感器及其一次高压熔丝烧断、一相或两相限流电阻爆炸等事故，给电力系统带来了不小的经济损失，严重威胁了电网的安全运行。

在中性点不接地系统中，选用伏安特性较好的、不易饱和的电压互感器，可以明显降低产生谐振的频率。如果采用电容式电压互感器，则不存在饱和的问题。目前66kV 及以上的系统中一般都采用电容式电压互感器。但是在 35kV 及以下的系统中，特别是 3~10kV 电压等级仍然广泛采用电磁式电压互感器。

对于中性点非有效接地系统中的电压互感器铁磁谐振，目前消谐的方法较多，归纳起来主要可分为改变参数、增加阻尼两大类，以下从这两大类分别展开论述。

1.3.1 基于改变谐振回路参数的消谐技术

1.3.1.1 高压侧中性点串单相电压互感器

对于供电电源侧的变电站，为了监测系统内有无单相接地故障，必须有一组三相电压互感器采用 YNynd0 接线，采集一次侧中性点电压，以便于设置交流绝缘监测装置。为了防止因单相接地故障引起电压互感器铁芯饱和，可由 4 台单相电压互感器组成组合式接线，其中增加的一台电压互感器的高压绕组串联在三相电压互感器中性点的接线回路中，如图 1-6 所示。

这种接法的零序特性曲线为三相电压互感器零序特性和单相电压互感器伏安特性叠加，即单相电压互感器接入后，每相的伏安特性比三相电压互感器高陡，使得引发铁磁谐振的最低动作电压提高到极大的数值，就不容易产生谐振。当系统发生单相接地故障时，本来由非故障相电压互感器一次线圈上承受的工频过电压现在由串接在中性点接地回路中的电压互感器共同承担，这样可避免出现铁芯过饱和。

该方案相当于中性点接入一个高阻抗，其结果使三相电压互感器的等值感抗显著增大，从而易实现 $X_C/X_m \le 0.01$ 的条件（X_C 为系统对地容抗，X_m 为电压互感器在线电压作用下单相绕组的励磁电抗），避免了由于饱和而引起的铁磁谐振。当产生故障时，产生的零序电压主要施加在零序电压互感器上，零序电压互感器二次侧接零序电压继电器发出接地信号。

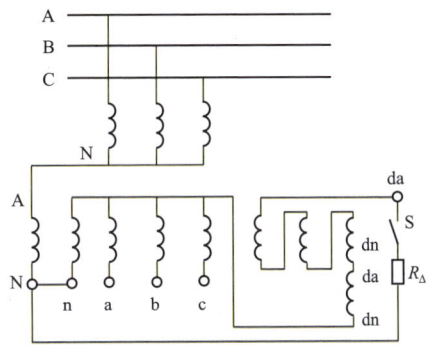

图 1-6　三相电压互感器中性点串接单相电压互感器接线原理图

为了使开口三角的剩余电压不致因串入第 4 台电压互感器后而显著降低，应将第 4 台单相电压互感器的二次绕组也串联在二次侧星形接线的中性点对地回路中，而且将第 4 台电压互感器的剩余绕组 da、dn 和二次绕组 a、n 都串联接入开口三角中，严格按照图 1-6 中所标的极性连接。采用这种接法，在系统发生单相接地故障时，开口三角的输出电压仍然能保持 100V。

在同一电网中存在多组电压互感器，每组电压互感器必须都采用这种接线方式才能有效。在系统不对称运行时，三相电压互感器中性点对地电压（零序电压）被抬高，开口三角形绕组中的零序电压也会很大，导致一次绕组和剩余绕组过热，有可能引起发热严重甚至热击穿。这种接线方式比较复杂、体积大、特别不适合在结构紧凑的手车柜内安装。

1.3.1.2　减少同电网中并联的电压互感器台数

减少同一电网中并联的电压互感器台数，也就是增加总体等效感抗。同一电网中，并联运行的电压互感器台数越多，则其总体等效伏安特性越平，相应地在线电压下的工频励磁感抗 X_{L0} 值越小，总的伏安特性会变得越差，总体等值感抗也越小，如电网中电容电流较大，则容易发生铁磁谐振。因此为了避免谐振所需的 C_0 将与并联台数成比例地增加，这就是说，如果所连接的线路长度在一台电压互感器时可能避免一切谐振，但在两台或多台时就可能进入谐振区而容易发生谐振，所以变电站母线并联运行时，只需投入一台作绝缘监视用，其余退出。若不能退出时，可将其高压侧接地的中性点断开。用户变电站的电压互感器中性点应不接地，只作为测量仪表和保护用。

1.3.1.3　母线装设三相星形电容器组

当网络对地容抗 X_{C0} 与互感器高压侧在线电压下每相励磁感抗 X_{L0}（多台互感器并联值）之比，满足 $X_{C0}/X_{L0} \le 0.01$，则网络不会出现电压互感器过饱和过电压。个别情况下，可在 10kV 以下网络内装设一组三相对地电容器，或利用电缆代替架空线路，以减小 X_{C0} 值，满足上述条件，避免谐振。

在 10kV 以下的小变电站可加装中性点接地的电容器组或用一般电缆代替架空线。对于空载母线条件下的铁磁谐振，可利用投入空载线路的办法消除。但是，对大变电站连接有多台电压互感器的情况，因需增装电容量较大，而且当发生单相闪络时接地电流将超过电弧熄灭的容许电流，因而易产生弧光接地过电压的问题。

1.3.2 基于增加谐振回路阻尼的消谐技术

1.3.2.1 电压互感器高压侧中性点经电阻接地

电压互感器高压侧中性点串入电阻等价于每相对地串接电阻，相当于在铁磁谐振的串联谐振回路中串入电阻，能起到消耗谐振的幅度和能量，增加零序回路的阻尼电阻和抑制谐振的作用，还能限制电压互感器中流过的电流，特别是限制间隙弧光接地时流过电压互感器的高幅值过电流，减小电压互感器每相上的电压，即相当于改善其伏安特性，避免造成电压互感器铁芯过饱和，从而有效地防止或消除谐振。

从抑制谐振效果考虑，R_0 值越高，消谐效果越好，若 $R_0 \rightarrow \infty$，即相当于中性点绝缘，谐振就根本不会发生。但是考虑到互感器通常是分级绝缘结构，中性点绝缘的试验电压只有 2kV，其长期运行电压不宜超过 1kV，另外，还要考虑接地指示的灵敏度及绝缘监视的正确性，因此，R_0 值又不能选得过大。对于 35kV 互感器，R_0 值可取 30kΩ；6~10kV 时，选用 10~20kΩ，容量约为 200W。R_0 可由陶瓷电阻制成，或采用由高温阀片和线性电阻组成，阀片有利于限制中性点电压。电压互感器一次绕组中性点经电阻接地接线图见图 1-7。

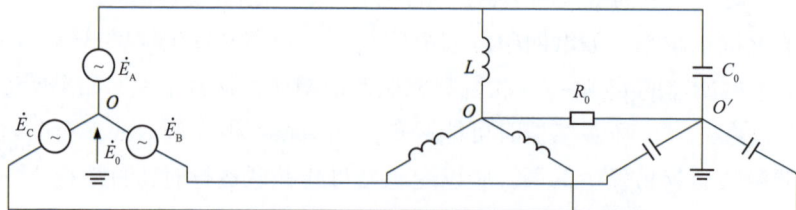

图 1-7　电压互感器一次绕组中性点经电阻接地接线图

当系统发生单相接地故障时，电压互感器中性点串入电阻将抬高中性点电位，中性点电阻 R 上将有超过几千伏的高电压，有可能超过半绝缘电压互感器中性点的绝缘水平。此外，对中性点绝缘水平较低的电压互感器，不能采用这种方法。虽然电阻值越大，抑制谐振效果越好，但阻值太大会影响系统接地保护的灵敏度。当间歇性弧光接地时，特别是当间歇的时间间隔与电容电感放电振荡的频率配合恰当时，对此电阻的热容量要求大得多，经大量的弧光接地试验结果推算，认为有 600W 容量则比较可靠。

当中性点串接电阻选用线性电阻时，由于电阻元件的容量、连接方式及绝缘水平等选择不当，在运行过程中存在引线过热而烧断，甚至电阻烧损、沿面闪络等现象。为此，将线性电阻更换为由非线性 SiC 电阻片与线性电阻（6~7kΩ）串接而成，这样在低电压下呈现较高电阻值（可达几百千欧），在系统中出现"激发"条件的起始阶段，谐振不易发展起来。在单相接地时，中性点上出现千余伏电压，非线性电阻（SiC）阻值下降，不会影响接地指示要求。在间歇性弧光接地等高幅值过电压下，外加线性电阻可与非线性电阻片一起限制线路电容对电压互感器的放电电流，非线性电阻片的热容量相当大，足以满足要求。

非线性电阻通常采用压敏电阻（SiC），其特性是电压越高，电阻越低。当谐振发生时，中性点位移电压增加，电阻值反而会降低，不仅不利于消除谐振，反而会使谐振过电压更加严重。

1.3.2.2 电压互感器二次开口三角接入阻尼电阻

在发生因电压互感器过饱和而引起的分频谐振过电压时，可以通过电压互感器由剩余电压绕组的开口三角引出端子上并接短路电阻的方法消除谐振。在电压互感器二次开口三角形接线绕组两端接一低阻值电阻 R 用作阻尼，相当于将电阻 R 接至变压器中性点上，故阻值越小，就越能抑制谐振的发生。当 $R = 0$ 时，即开口三角绕组短接，相当于电网中性点直接接地，也就不存在发生铁磁谐振的条件了。$R \neq 0$ 时，当电网发生谐振有零序电压出现时，电阻 R 中有电流流过，通过变比关系，此 R 相当于接在电源变压器的中性点上，或看成并联在电压互感器高压一次侧绕组上，故当 R 小于某值时，中性点位移电压将明显下降，这表明谐振得到抑制。

电压互感器开口绕组接小电阻 R 消谐的方法，对于 10kV 及以下电压等级的电网且电压互感器特性较好的情况是比较有效的。由于此电阻是接至开三角两端，因此这一负载必定同时加在开口三角绕组和一次绕组上，这就是说电压互感器必须要有足够的容量。特别值得指出的是在间歇弧光接地时，由于 $R_\triangle$ 的接入，将使流过一次绕组的电流显著增大，这就增加了电压互感器烧损的可能。当有多台电压互感器时，必须每台均接电阻方能有效。

GB/T 50064—2014《交流电气装置的过电压保护和绝缘配合设计规范》

中指出：为了消除由电压互感器过饱和而引起的铁磁谐振过电压，可以在互感器的开口三角形绕组装设 X_m/K_{13}^2 的电阻（K_{13} 为互感器一次绕组与开口三角形绕组的变比）或装设其他专门消除此类铁磁谐振的装置。这里的 X_m 为电压互感器在线电压作用下单相绕组的励磁电抗。

阻尼电阻最好是一种非线性电阻，其冷态电阻仅几欧，当加入 100V 工频电压时，经过 2~3s 后电阻值就会上升至 100Ω 左右，这样既保证了可靠消谐，又能满足互感器的容量要求。对于 35kV 以下的电压互感器，有采用在开口三角形接线绕组处长期接入普通照明白炽灯泡的做法，其原理是灯泡冷态下的电阻远小于热态时的值，而且需经一定时间才逐渐上升。

在电压互感器开口串接电阻需要注意以下三个问题：

（1）X_m 是指系统内凡是有直接电气联系的所有将高压绕组接入相对地回路的电磁式电压互感器，在线电压下的励磁电抗并联后的等值总电抗。因此 X_m 的数值大小不止由某一台电压互感器的励磁电抗决定，而且和同一系统内所有接入相对地回路的电磁式电压互感器有关。当电压互感器数目较多，且都是接在相对地回路中，则 X_m 并联等值电抗较低，100Ω 电阻就显得太大，开口使用串接电阻的方式就不一定能达到预期的消谐效果。

实际上，在电压互感器开口三角上连接的消谐阻尼电阻 $R_\Delta \leqslant 0.4$（X_m/K_{13}^2），这是一个临界值，阻尼电阻应小于这一数值，而且数值越小，谐振消除越快。在进行模拟实验中，将 R_Δ 的数值取得很小，直至等于零，亦即将开口三角瞬间短接，消谐效果很好。当然这时开口三角上连接的消谐阻尼电阻不可长期固定连接，只应在发生谐振时暂时接入，消谐后立即断开。因为当系统发生单相接地后，并不一定立刻谐振，则会因电流过大而引起电压互感器过热烧坏。为了防止发生过热，阻尼电阻一般在投入 1~2s 后立即断开。如果是采取开口三角瞬间短路，则可以在短路 1s 后立即断开。实际上，如果阻尼电阻阻值很小，消谐速度很快，一般不足 1s 即已完成消谐。

（2）在有多组电压互感器同时接入相对地回路的系统中，当发生分频谐振时，如果只在其中一组电压互感器的开口三角回路中瞬时投入阻值适宜的阻尼电阻，同样可以实现消谐。

（3）由电压互感器过饱和引起铁磁谐振，如果谐振频率不同，则对开口三角接入的消谐用阻尼的临界值的要求也不同。例如对于基频谐振，阻尼电阻的临界值比分频谐振的允许值要高许多倍。

1.3.2.3　电压互感器开口三角接入分频消谐装置

近年来，对于在开口三角两端接入电阻（或短接）的方法采用了许多改进装置，这些装置主要是为消除分频谐振的，如低周波继电器、可控硅分频消振装置、选频消谐电路等。它们的主要原理是：在正常情况下，装置不予动作，或者在工频下表现出甚高的阻抗，在出现分频谐振时，则瞬时动作将开口三角两端短接，或者在分频下形成很低的阻抗，且在理想情况下为线电阻，从而起到消振的作用。此装置在谐振消失后恢复正常。但是，如果重复发生谐振且持续时间较长，则亦同样存在电压互感器及消谐装置的容量问题，装置本身的某些元件亦可能在运行中出问题，以至运行中曾发生消谐装置的异常损坏，谐振依然发生，电压互感器爆保险甚至烧损。

分频消谐装置原理见图 1-8。C 为大容量电解电容器，3 个集成电路控制的继电器的节点分别为 K_1、K_2、K_3，D 为全波整流桥，R 为放电电阻。系统正常运行时，电压互感器开口三角绕组两端电压 U_0 为零，K_2、K_3 断开，K_1 闭合，维持电容 C 充电状态；$U_0 > 30\text{V}$ 时，K_1 打开并由双 D 触发器启动两个继电器，使 K_3、K_2 轮换闭合。K_3 闭合使电容 C 放电，K_2 闭合使电容并接到开口三角绕组两端进行瞬间吸能消谐；当系统不对称运行时，K_1 打开，K_2、K_3 轮换动作 3~9 次后全部开断，给出接地信号。

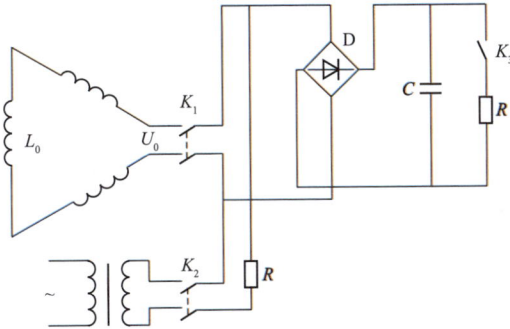

图 1-8 分频消谐装置的原理

分频消谐装置的缺点是：在被过电压、大电流冲击后，本身器件发生故障或节点不能正常开闭，有时也不能消谐。

1.3.2.4 热敏电阻型一次消谐装置

正温度系数（Positive Temperature Coefficient，PTC）材料是一类具有正温度系数的热敏电阻材料，热敏电阻在低温下呈现低阻，串联安装在电压互感器一次绕组中性点与地之间，当系统发生铁磁谐振时，零序电压升高，电流流过热敏电阻，其电阻会上升。因此可以选择热敏电阻制作电压互感器一次消谐器。

采用热敏电阻串入电压互感器中性点，在正常运行情况下，电压互感器一次侧电压三相平衡，中性点没有位移电压，热敏电阻呈现低阻值（40kΩ左右）。当一次绕组励磁电流增加，电压互感器铁芯饱和时，中性点出现位移电压，导致中性点流过较大电流，热敏电阻温度升高，电阻随温度变化迅速增大，能够较好地发挥出阻尼作用。而且谐振能量越大，热敏电阻的消谐时间越短。采用热敏电阻作为阻尼元件，谐振过电压的幅值越大，消谐速度越快，对设备的绝缘越有利。因此，热敏电阻是一种比较理想的消谐用阻尼电阻。

1.4 配电网单相接地故障检测技术

1.4.1 架空线路及电缆线路常见故障类型

随着现代城市化建设的快速发展，可用土地资源日益紧张，而纵横交错的架空线路占用了大量的可用空间，是阻碍城市化建设的主要因素之一。因而，用电缆网络供电逐步取代架空线网络供电成为现代城市化建设的必然趋势，配电网架空、电缆混联线路的形式也越来越多。与架空线相比，电缆线具有输电容量和可靠性高、应用成本低、节省空间以及美化市容等优点，在我国得到了广泛应用，在原有架空线网络供电的基础上逐步发展为电缆—架空线混合线路供电。然而由于电缆的运行环境恶劣、制造工艺不完善等因素，常常造成电缆绝缘水平下降，造成电缆接地故障。同样，架空线也经常由于绝缘子质量不过关、恶劣的天气及人为外力的破坏等因素而发生故障。

1.4.1.1 配电网架空线路单相接地故障原因

架空线路单相接地故障多发生在潮湿、多雨天气，是由于树障、配电线路上绝缘子单相击穿、导线接头处过负荷烧断或氧化腐蚀脱落、单相断线等诸多因素引起的。在实际应用中，发生单相接地故障的原因归纳起来主要有以下几种：

（1）导线断线落地；

（2）绝缘子击穿；

（3）由于树木接触导线造成的树木短路；

（4）配电变压器高压绕组单相绝缘被击穿或接地；

（5）由雷击或风刮树枝而引起的线路接地故障等。

其中，前三种为主要原因，占到故障原因的80%以上。

1.4.1.2 电缆线路单相接地故障原因

电缆故障点的查找与测量是快速恢复电力供应的有力保障，但是往往因为电缆线路通道较为隐蔽或是运行维护单位的设备台账资料不完善以及受故障查找设备的局限，使电缆故障的查找非常困难。尤其是在狂风、暴雨等恶劣天气中，为电缆故障的查找、抢修带来了很大不便。了解电缆故障的原因，对于减少电缆抢修的时间，快速准确地判定出故障点是十分重要的。电缆发生故障的原因是多方面的，常见的主要原因包括：

（1）机械性损伤。一些故障由于电缆安装敷设时意外造成的机械损伤引起，另一些故障因安装时靠近电缆路径作业而造成机械损伤直接引起。

（2）电缆绝缘老化变质。有的电缆因年代久远出现老化，使得绝缘介质内部存在气隙，在电场作用下出现游离造成绝缘性能下降。

（3）过电压。过电压指的是电缆内部过电压和大气过电压（如雷击）。根据实际故障所进行的分析数据表明，大多数户外终端头电缆事故是遭受大气过电压引起的。

（4）外部化学腐蚀。电缆线路途经存在酸碱作业的地区，或受到煤气站苯蒸气的侵蚀，这些成分往往导致铅（铝）护套、电缆铠装等在长距离中受到大面积腐蚀，出现麻点甚至开裂、穿孔，造成故障。

（5）电缆最初设计及制作工艺低下。设计未合理考虑电场的分布，电缆接头制作工艺低下，未按要求铺设电缆等，都是导致电缆出现故障的重要因素。

1.4.1.3 架空线路、电缆线路特点汇总

架空线路和电缆线路特点汇总于表 1–1 中。

表 1–1   架空线路和电缆线路特点

因素	电缆线路	架空线路
供电可靠性	供电可靠性高，电缆接头不受外界干扰的影响	供电可靠性较低，易受如雷击、风害，覆冰、风筝和鸟害等影响。存在断线倒杆、绝缘子闪络破碎，以及因导线摆动所造成的短路和接地事故
接地故障原因	电缆的运行环境恶劣、制造工艺不完善、机械性损伤等因素，常常造成电缆绝缘水平下降，引起电缆接地故障	（1）导线断线落地； （2）绝缘子击穿； （3）由于树木接触导线造成的树木短路； （4）配电变压器高压绕组单相绝缘被击穿或接地； （5）由雷击或风刮树枝而引起的线路接地故障等

因素	电缆线路	架空线路
接地故障特征	故障点电流通常较大，故障电弧较难自动熄灭，多为绝缘损坏的永久性故障；且电缆大多敷设在地下的电缆沟内，一条电缆沟内可能有多条电缆，间距较近。这些特性导致电缆在发生单相接地故障并产生故障电弧时，若未能快速切除故障或熄灭电弧，易发展成相间故障或三相短路，并且故障电弧可能导致故障范围扩大，造成多条电缆故障或产生间歇性电弧接地过电压，危及系统安全	分为瞬时性故障和永久性故障，瞬时性故障可通过开关重合闸解决
应用效果	不需要在路面上架设杆塔和导线，节约木材、钢材和水泥。在市区，尤其能减少对人的危害，并使市容整齐美观	需要在路面上架设杆塔和导线，使用较多木材、钢材和水泥，影响城市美观
维修和维护	寻找故障较为困难，维修恢复时间长，电缆接头的制作工艺要求较高，要有专门训练过的技工去操作防水接头，维护工作量小，时间短	寻找故障较为容易，维修恢复时间短，但维护工作量大，时间长

1.4.2 故障类型判别技术研究

配电网运行过程中，若发生停电事故，较准确的故障识别结果有助于系统管理人员选择适当的措施快速排除故障，从而提高配电系统的可靠性。在配电线路中，针对故障选线、定位的研究比较多，故障类型的识别则有所欠缺，近年来国内外学者针对这方面的研究主要集中在应用数学和信号处理技术实现配电网故障检测，开发了新型的继电保护设备，对配电网故障检测技术的发展有重要作用。

现阶段，单相接地故障的故障类型判别技术主要有以下几种。

1.4.2.1 基于故障电流和电压幅值的方法

传统的故障判别方法是根据故障发生后系统三相电压和电流的幅值变化来判断故障类型，但是这种方法一般适用于低阻接地故障，高阻接地时故障电流很小，电压和电流幅值变化不明显，难以判别。虽然有相关的改进算法，但是对高阻接地故障的判别仍然不准确，因此必须对系统故障电流波形信息进行滤波处理。

1.4.2.2 基于低频信息和高频信息的方法

配电网发生故障后，故障电流中往往包含很多非基频暂态成分，一些学者就提出根据故障电流信号的低频信息和高频信息变化来检测线路故障。现阶段已经有比较多基于该原理的检测算法，例如基于负序电流进行高阻故障检测算法、高频阻抗检测算法、基于高阻随意性的算法等，能够对配电网高阻接地故障进行判别。

1.4.2.3 基于小波变换的方法

小波变换是一种时间—尺度分析方法，在时域和频域都具有多重分辨率来表征信号局部特征的能力，能够探测正常信号中夹带的瞬态反常信号，非常适用于配电网的故障检测。目前基于小波变换的检测算法均是利用小波变换对故障信号进行分解，提取其中某一分量，再比较该分量的变化量与预设阈值的大小来判断系统故障类型。但是硬件阈值的设定需要根据专家经验，不同的系统阈值一般不同，增加了判别的难度。

1.4.2.4 基于人工神经网络的方法

人工神经网络（Artificial Neural Networks，ANN）是一种应用类似于大脑神经突触连接的结构进行信息处理的数学模型，具有强大的模式识别、分类能力和泛化能力，对配电系统故障诊断有重要意义。在应用中一般将卡尔曼滤波、小波变换等信号处理方法与人工神经网络相结合，先对系统故障信号进行预处理，然后利用 ANN 将不同故障类型区别开来，达到故障检测的目的。研究表明该方法在检测系统高阻接地故障时非常有效。

1.4.2.5 基于模糊理论的方法

基于模糊集合论的模糊推理方法能够得到问题的多个可能的解决方案，根据这些方案的模糊度高低进行优先程度排列。基于模糊理论的方法虽然能识别故障类型，但是这种方法需要收集大量的故障数据，且不能判断具体的故障相。

综上所述，各种故障类型判别方法都有其各自优缺点，因此研究能满足快速开关型消弧装置速动要求且能适应复杂配电网环境的单相接地故障判别方法就显得非常重要。

1.4.3 单相接地故障选线技术研究现状

关于配电网单相接地故障的选线算法，大致可以分为稳态分量法、暂态分量法、注入信号法及综合方法四大类。影响选线精度的因素主要是中性点的运行方式和故障特征量的大小。而中性点经消弧线圈接地电网中，零序电容电流受到了消弧线圈感性电流的补偿，导致零序电流信号很小，因此，中性点不接地电网的选线要比经消弧线圈接地电网的选线容易一些。

适宜应用于快速开关型消弧消谐技术中的选线算法有以下几种。

1.4.3.1 稳态零序电流幅值比较法

当中性点不接地系统发生单相接地短路时，流过故障设备的稳态零序电流在数值上等于所有非故障设备对地电容电流之和，故障线路上的零序电流最大，所以通过零序电流幅值大小比较就可以找出故障线路。该方法的缺点：不能排除电流互感器（TA）不平衡的影响；受线路长短、系统运行方式及过渡电阻大小的影响。

1.4.3.2 稳态零序电流相位比较法

该方法也称作零序功率方向法。当发生单相接地故障时，中性点不接地系统中故障线路与非故障线路的稳态零序电流分别为从线路流向母线和从母线流向线路，所以只要比较零序电流方向就可以找出故障线路。该方法的缺点：在故障点离互感器较近或线路很短，或者出现高阻接地故障时，测量到的零序电压、零序电流较小，相位判别较困难，可靠性低。

1.4.3.3 群体比幅比值法

该方法为多重判据法。将前面所述稳态零序电流幅值比较法和稳态零序电流相位比较法相结合，先用"最大值"原理从线路中选出 3 条以上的零序电流最大的线路，然后用"功率方向"原理从选出的线路中查找零序电流滞后零序电压的线路，从而确定出故障线路。该方法的缺点：选线时间较长，且出现高阻接地故障时可靠性低。

1.4.3.4 首半波法

首半波原理是基于接地故障发生在相电压接近最大值瞬间这一假设，此时故障相电容电荷通过故障线路向故障点放电，故障线路上的电容电流与非故障线路的电容电流形成回路。对于配电网暂态零序电流和零序电压的首半波之间存在着固定的相位关系，在故障线路上两者极性相反，在非故障线路上两者极性相同，由此可以选出故障线路。该方法的缺点：当故障发生在相电压过零值附近时，首半波电流的暂态分量值很小，以及过渡电阻的影响，易引起方向误判。

1.4.3.5 小波法

小波法利用近年来新兴的小波变换理论，提取故障暂态信号的特征量进行故障选线。小波变换具有时频聚焦特性，对于非平稳信号具有比傅立叶变换更好的分析效果。选用合适的小波基对暂态零序电流的特征分量进行小波变换后，得到故障线路上暂态零序电流特征分量的幅值高于非故障线路，且其特征分量的极性也与非故障线路相反。该方法的缺点：难点在于小波基函数及小波分解尺度的选择，另外如果接地电阻过大，暂态电流的高频分量过小，易发生误选。

1.4.3.6 人工智能技术选线

西安交通大学的索南加乐教授将故障后系统各线路零序电流的幅值和相位组合起来，将此看作是此类故障的一个模式，这样把故障选线问题转变为一种识别故障电流模式所属类别的模式识别问题。华北电力大学的杨以涵教授从信息融合角度出发，提出通过粗糙集理论及证据理论对故障样本进行数据挖掘和知识发现来识别故障线路。上海交通大学的房鑫炎、山东大学的庞清乐等提出将多层前馈神经网络、专家系统和模糊理论引入，对不知属性的故障电流模式进行分类识别。该方法的缺点：人工智能选线法由于需要大量真实的故障电流数据构成模式信息进行训练，这在工程实际中是很难满足的，而且复杂逻辑判据对检测装置的软硬件要求极高。人工智能方法虽然利用了现代人工智能方面的技术，但仅在信号处理层次上做出了改进，没有深入分析信号的本质特征，实际应用效果还有待检验。

综上所述，在实际应用中，须重点研究如何有效利用故障发生时刻的暂态特征，增加选线可靠性和抗干扰性能力，缩短选线时间，研究出受线路长度和故障点接地电阻阻值的影响较小的选线方法。

1.4.4 单相接地故障定位技术研究现状

由于小电流接地系统具有发生单相接地故障后可以运行一段时间的特点，因此现场既可以在带故障运行的情况下查找故障点，也可以在断开故障线路的情况下查找故障点，前者称为在线定位，后者称为离线定位，这两种故障定位方式在现场都得到了广泛应用。在线定位的优点是故障定位过程中线路不用停电，提高了供电可靠性，是现场更多采用的方法，缺点是带故障运行中有可能导致故障扩大或者发生人畜触电的事故。已提出的小电流接地故障在线定位方法按照所利用信号的不同，可分为主动式定位方法与被动式定位方法两大类。主动式故障定位方法是在线路发生故障后向系统注入特定信号，通过检测所注入信号在系统中的分布确定故障点位置。被动式故障定位方法则是利用故障本身所产生电压及电流信号的特征，设计定位算法，确定故障点位置。

1.5 快速开关研究现状

传统断路器均存在触头动作时间长的缺点，合闸和分闸时间均在50ms左右，大大限制了消弧柜的响应时间。现阶段的快速开关技术主要有两种形式：基于电力电子器件的固态开关和基于电磁斥力机构的快速开关。

固态开关利用的是电力电子开关的速动性，开始多用于低电压等级系统，但是随着大功率电力电子器件的发展，固态开关的容量和电压等级也逐步提高。电子式固态开关由纯电力电子器件构成，具有毫秒级的切换速度而且无声响、无弧光，但是合闸状态电流经电力电子开关导通，开关上有一定的压降，会造成较大的发热损耗。还有一种混合式固态开关，通过将电力电子开关器件与传统机械开关并联，由电力电子开关完成动态切换，而机械开关承担稳态导通过程，这样可以避免采用冷却设备，但是其开断速度仍然会被机械开关限制。

电磁斥力机构利用的是涡流原理，能在几十到数百微秒的时间内使操动机构推力达到峰值，从而实现触头高速动作，开关分合闸速度能够显著提高，基于电磁斥力的快速开关一般可实现 10ms 以内完成分合闸动作。电磁斥力快速开关结构简单、分合闸速度快，与大功率半导体固态开关相比通态损耗较小，在近年来得到了广泛的研究，主要的应用领域有：

（1）电力系统故障限流，例如利用快速开关作为电容器的短路元件制成串联谐振型故障限流器，其经济性相比超导和大功率半导体技术大大提高；

（2）电能质量控制，例如基于快速开关的串联补偿技术，可以有效提高系统输送能力；

（3）直流断路器，利用电磁斥力操动机构实现在系统故障电流未上升至稳定值前开关动作，降低短路故障电流对系统的危害；

（4）相控开关，利用相控真空开关技术投切电容器组可以很好地抑制合闸过程产生的涌流和过电压。

综上所述，将快速开关应用于配电网消弧领域，可以大大缩短故障相金属性接地的投入时间，从而大幅度降低弧光接地过电压和接地电弧电流对系统设备和线路的损害。

2

电缆、架空及混联线路下单相接地故障判别方法

2.1 电缆、架空及混联线路下引起零序参量升高的故障类型和故障机理

在电缆、架空及混联线路组成的中性点非有效接地的配电系统中，若电网中发生单相接地故障，系统将出现数值较高的零序电压。利用这一特点，配电网变电站母线上所接的绝缘监测装置，即一个三相五心式电压互感器，其二次侧的星形联结绕组接三个电压表，以测量各相电压；另一个二次侧绕组接成开口三角形，接入过电压继电器，用来反映线路单相接地时出现的零序电压。当电网发生单相接地故障时，故障相对地电压下降，其他两相对地电压升高，同时出现零序电压，使继电器动作，发出故障信号。

2.1.1 不同线路条件下引起零序参量升高的故障类型及故障机理

除了发生接地故障外，在电缆、架空及混联线路组成的中性点非有效接地的配电网中，电压互感器铁磁谐振和电压互感器断线故障也与接地故障类似，都能引起电压互感器开口三角电压异常，绝缘监测装置发出接地信号。因此，为了准确判别故障类型，除监测电压互感器开口三角两端电压外，还需要对配电网中单相接地故障、电压互感器铁磁谐振和电压互感器断线故障的机理及特征进行分析加以区别。

2.1.1.1 单相接地故障产生的机理

（1）中性点不接地系统。

1）电流相量关系。在中性点不接地系统中，假定有三条长度不等的线路，线路3的A相发生单相金属性接地，如图2-1所示。

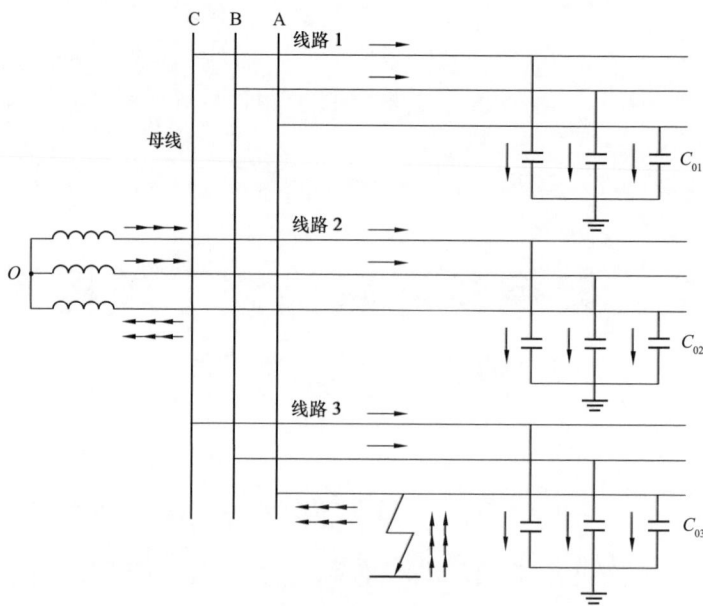

图2-1 中性点不接地系统单相接地故障电容电流分布

对于非故障线路 1，其三相对地电容电流分别为

$$\left.\begin{aligned} \dot{I}_{C_{A1}} &= j3\dot{U}'_A\omega C_{01} \\ \dot{I}_{C_{B1}} &= j3\dot{U}'_B\omega C_{01} \\ I_{C_{C1}} &= 0 \end{aligned}\right\} \tag{2-1}$$

式中：$\dot{I}_{C_{A1}}$、$\dot{I}_{C_{B1}}$、$\dot{I}_{C_{C1}}$ 分别为线路 1 的 A、B、C 相对地电容电流；$\dot{U}'_A$、$\dot{U}'_B$ 分别为故障电网的 A、B 相对地电压；C_{01} 为线路 1 相对地电容，系统三相对地电容相等，忽略三相对地电导。

非故障线路 1 的基波零序电流为

$$3\dot{I}_{01}=\dot{I}_{C_{A1}}+\dot{I}_{C_{B1}}+\dot{I}_{C_{C1}}=j3\dot{U}_0\omega C_{01} \tag{2-2}$$

式中：$\dot{I}_{01}$ 为线路 1 的基波零序电流；$\dot{U}_0$ 为电网零序电压。

由式（2-2）可知，线路 1 的零序电流 $3\dot{I}_{01}$ 的大小等于该线路三相对地电容电流的相量和，方向从母线流向线路。

同理，非故障线路 2 的基波零序电流为：$3\dot{I}_{02}=j3\dot{U}_0+\omega C_{02}$，方向从母线流向线路（电网中若有更多并联线路，皆与此类似）。

对于故障线路 3，健全相的电容电流与非故障线路类似，但是故障相的电容电流不为零。三相电容电流分别为

$$\left. \begin{array}{l} \dot{I}_{C_{A3}} = j\dot{U}'_A\omega C_{03} \\ \dot{I}_{C_{B3}} = j\dot{U}'_B\omega C_{03} \\ I_{C_{C3}} = j3U'_0\omega(C_{01}+C_{02}+C_{03}) \end{array} \right\} \tag{2-3}$$

则故障线路的基本零序电流为

$$3\dot{I}_{03} = -3(\dot{I}_{01}+\dot{I}_{02}) \tag{2-4}$$

式（2-4）说明，故障线路的零序电流等于所有非故障线路零序电流的相量和，方向由线路流向母线。

2）电压相量关系。假设线路 3 发生单相接地故障时故障电阻为 R_f，如图 2-2 所示。系统正常运行时，三相电压 $\dot{U}_A$、$\dot{U}_B$、$\dot{U}_C$ 对称，中性点电压 U_0 为零，即 $\dot{U}_0=0$。当 A 相发生单相接地故障时，中性点电压会发生偏移，节点电压方程有

$$(1/R_f+j3\omega C_{03})\dot{U}_{O'} = -(1/R_f+j\omega C_{03})\dot{U}_{A'} - j\omega C_{03}\dot{U}_B - j\omega C_{03}\dot{U}_{C'} \tag{2-5}$$

则中性点电压为

$$\dot{U}_{O'} = \dot{U}_A/(1+j3\omega C_{03}R_f) \tag{2-6}$$

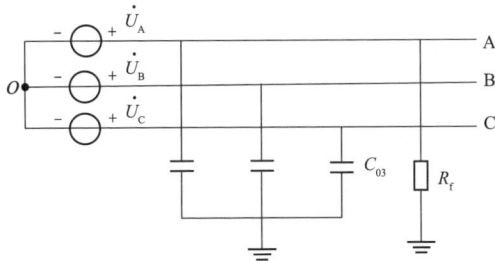

图 2-2　中性点不接地系统单相接地故障示意图

从 R_f 看进去的戴维南等效电路如图 2-3（a）所示，A 相对地电压为

$$U_{A'} = (j3\omega C_{03}R_f)U_{A'}/(j3\omega C_{03}R_f) \tag{2-7}$$

由式（2-6）和式（2-7）可知相量 $\dot{U}_{O'}$、$\dot{U}_A$、$\dot{U}'_A$ 构成直角三角形，电压相量关系如图 2-3（b）所示。中性点 O' 的运动轨迹为以 $|\dot{U}_A|$ 为直径的右半圆上，中性点电压 $\dot{U}_{O'}$ 与故障电阻 R_f 有关，当发生金属性接地时，$R_f=0$，$\dot{U}_{O'}=-\dot{U}_A$；当系统正常运行时，$R_f=\infty$，$\dot{U}_{O'}=0$。

由图 2-3（b）可知，C 相电压幅值最大，A 相和 B 相电压大小关系随故障电阻 R_f 变化而变化。当 R_f 较小时，$|\dot{U}'_A|<|\dot{U}'_B|$；当 R_f 较大时，$|\dot{U}'_A|>|\dot{U}'_B|$。

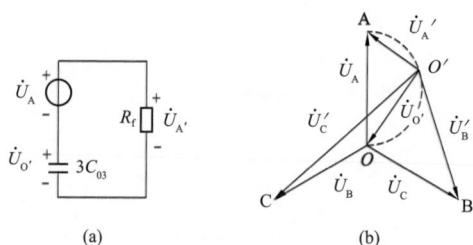

图2-3 中性点不接地系统A相单相接地故障时等效电路和电压相量关系
(a) 戴维南等效电路；(b) 电压相量关系

（2）中性点谐振接地系统。

1）电流相量关系。在中性点谐振接地电网中，如图2-4所示，当线路3发生单相接地故障时，线路1和线路2的零序电流分布状况与中性点不接地电网中非故障线路的情况相同，其大小和方向均不变。

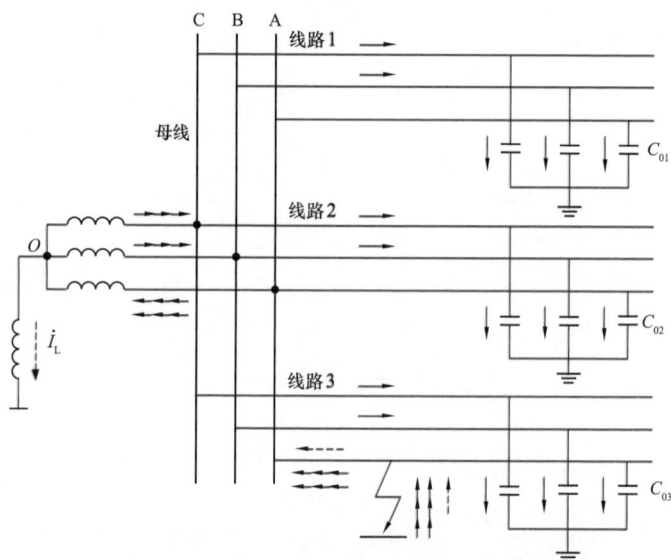

图2-4 中性点谐振接地系统单相接地故障电容电流分布

而对于故障线路3，由于中性点接地方式不同，此时故障点的接地电流由原来的电容电流变为由消弧线圈产生的电感电流补偿后的残流，此时线路3的基波零序电流为

$$3\dot{I}_{03} = -3(\dot{I}_{01} + \dot{I}_{02}) - \dot{I}_L \qquad (2-8)$$

定义脱谐度 v 为

$$v=(I_C-I_L)/I_C \qquad (2\text{-}9)$$

式中：I_C 为电网对地电容电流之和；I_L 为消弧线圈产生的电感电流。

这样，式（2-8）可以写为

$$3\dot{I}_{03}=\mathrm{j}3\dot{U}_0\omega\,[v(C_{01}+C_{02})+(v-1)C_{03}] \qquad (2\text{-}10)$$

由式（2-10）可知，在中性点谐振接地系统中，随着消弧线圈的补偿程度不同，故障点零序电流的方向不同。实际电网中一般采用过补偿方式，此时，故障线路的基波零序电流方向与非故障线路相同，且电流很小，很难进行有效的故障识别。

2）电压相量关系。假设线路 3 发生单相接地故障时故障电阻为 R_f，如图 2-5 所示。

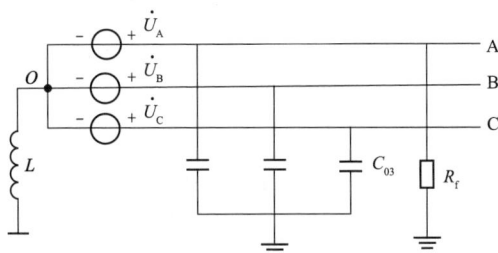

图 2-5　中性点谐振接地系统单相接地故障示意图

中性点电压为

$$\dot{U}_O{}'=-\dot{U}_A/[1+\mathrm{j}(3\omega C_{03}-1/\omega L)R_f] \qquad (2\text{-}11)$$

A 相电压为

$$\dot{U}_A{}'=\mathrm{j}(3\omega C_{03}-1/\omega L)R_f\dot{U}_A/[1+\mathrm{j}(3\omega C_{03}-1/\omega L)R_f] \qquad (2\text{-}12)$$

故障时的戴维南等效电路和电压相量关系如图 2-6 所示，在消弧线圈不同补偿方式下，各电气量变化规律不同。

过补偿状态下，$3\omega C_{03}-1/\omega L<0$。由图 2-6（b）可知，中性点 O' 在以 $|\dot{U}_A|$ 为直径的左半圆上移动，与中性点不接地系统中故障特征相反，三相对地电压中 B 相电压幅值最大。

欠补偿状态下，$3\omega C_{03}-1/\omega L>0$。由图 2-6（c）可知，中性点 O' 在以 $|\dot{U}_A|$ 为直径的右半圆上移动，与中性点不接地系统中故障特征相同，三相对地电压中 C 相电压幅值最大。

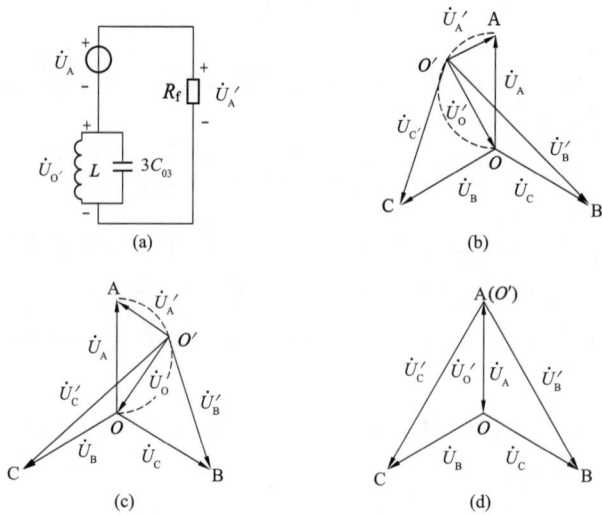

图 2-6　中性点谐振接地系统 A 相单相接地故障时等效电路和电压相量关系

(a) 戴维南等效电路；(b) 过补偿状态电压相量关系；
(c) 欠补偿状态电压相量关系；(d) 全补偿状态电压相量关系

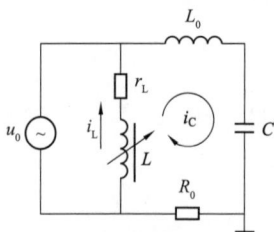

**图 2-7　中性点谐振接地系统单相接
地故障暂态过程等效电路**

C——电网的三相对地电容总和；L_0——三相
线路和变压器等在零序回路中的等值电感；
R_0——零序回路中的等值电阻（包括故障点
的接地电阻、导线电阻和大地电阻）；
r_L、L——分别表示消弧线圈的有功损耗电阻
和电感；u_0——零序电压；i_L——消弧线圈的
电流；i_C——电网的电容电流

全补偿状态下，$3\omega C_{03}-1/\omega L=0$。由图 2-6 (d) 可知，$\dot{U}_0'=\dot{U}_A$，中性点电压偏移与 R_f 无关，非故障相的相电压均升高到线电压。

由于中性点谐振接地系统故障稳态分量数值小，难以正确选出故障线路，所以需要利用幅值较大的暂态分量来完成故障检测。

中性点谐振接地系统发生单相接地故障的瞬间，可利用图 2-7 所示等效电路来分析暂态电容电流和暂态电感电流。

3）暂态电容电流。在分析电容电流的暂态特性时，因其自由振荡频率一般较高，考虑到 $L \gg L_0$，故图 2-7 中 r_L 和 L 可以不予考虑，这样利用 L_0、C、R_0 组成的串联回路和作用于其上的零序电压 u_0，便可确定暂态电容电流。回路微分方程为

$$R_0 i_C + L_0 \frac{di_C}{dt} + \frac{1}{C}\int_0^t i_C dt = U_m \sin(\omega t + \varphi) \qquad （2-13）$$

式中：U_m 为零序电压的幅值。

当 $R_0 < 2\sqrt{L_0/C}$ 时，回路电流的暂态过程具有周期性的振荡及衰减特性；当 $R_0 > 2\sqrt{L_0/C}$ 时，回路电流则具有非周期性的振荡衰减特性，并逐渐趋于稳定状态。

因为通常架空线路的波阻抗为 250~500Ω，同时故障点的接地电阻一般较小，一般都能满足 $R_0 < 2\sqrt{L_0/C}$ 的条件，所以电容电流具有周期性的衰减振荡特性，其自由振荡频率一般为 300~1500Hz。电缆线路的电感较架空线路小得多，而对地电容却大得多，故电容电流暂态过程的振荡频率很高，持续时间很短，其自由振荡频率一般为 1500~3000Hz。

因为暂态电容电流 i_C 是由暂态自由振荡分量 $i_{C.os}$ 和稳态工频分量 $i_{C.st}$ 两部分组成的，利用 $t=0$ 时 $i_{C.os}+i_{C.st}=0$ 这一初始条件和 $I_{Cm}=U_m\omega C$ 的关系，经过拉普拉斯变换等运算可得

$$i_C = i_{C.os}+i_{C.st} = I_{Cm}\left[\left(\frac{\omega_f}{\omega}\sin\varphi\sin\omega_f t - \cos\varphi\cos\omega_f t\right)e^{-\delta t}+\cos(\omega t+\varphi)\right] \quad (2-14)$$

式中：I_{Cm} 为电容电流的幅值；ω_f 为暂态自由振荡分量的角频率；$\delta=1/\tau_C=R/2L_0$ 为自由振荡分量的衰减系数，其中 τ_C 为回路的时间常数；φ 为故障时相电压的相角。

若系统的运行方式不变，则 τ_C 为一常数。当 τ_C 较大时，自由振荡衰减较慢；反之，则衰减较快。因为式（2-14）的自由振荡分量 $i_{C.os}$ 中含有 $\sin\varphi$ 和 $\cos\varphi$ 两个因子，故从理论上讲，在相角为任意 φ 值时，均会产生自由振荡分量。当 $\varphi=0$ 时，其值最小；当 $\varphi=\pi/2$ 时，其值最大。

当故障相在电压峰值，即 $\varphi=\pi/2$ 接地时，电容电流的自由振荡分量的振幅出现最大值 $i_{C.os\ max}$，时间 $t=T_f/4$（$T_f=2\pi/\omega_f$ 为自由振荡的周期），其值为

$$i_{C.os\ max} = I_{Cm}\frac{\omega_f}{\omega}e^{\frac{T_f}{4\tau}} \quad (2-15)$$

由式（2-15）可知，暂态自由振荡电流分量的最大值 $i_{C.os\ max}$ 与自由振荡频率 ω_f 和工频频率 ω 之比（ω_f/ω）成正比。

当故障相在电压零值（$\varphi=0$）时接地，暂态自由振荡电流的幅值最小，并在 $t=T_f/2$ 时出现，该自由振荡电流分量的最小值 $i_{C.os\ min}$ 为

$$i_{C.os\ min} = I_{Cm}e^{\frac{T_f}{4C}} \quad (2-16)$$

由式（2-16）可知，此时暂态电流的自由振荡分量恰好与工频电容电流的幅值相等。因此，若在 $\varphi=0$ 时发生单相接地故障，就不会产生暂态电容电流分量。

4）暂态电感电流。消弧线圈的电感电流是由暂态的直流分量和稳态的交流分量组成的，表达式为

$$i_L = I_{Lm} \left[\cos\varphi e^{\frac{t}{\tau_L}} - \cos(\omega t + \varphi) \right]$$

$$I_{Lm} = \frac{U_m}{\omega L}$$

（2-17）

式中：τ_L 为电感回路的时间常数；φ 为故障时相电压的相角。

暂态过程的振荡角频率与电源的角频率相对，且其幅值与接地瞬间电源电压的相角 φ 有关，当 $\varphi=0$ 时，其值最大；当 $\varphi=\pi/2$ 时，其值最小。若 $\varphi=0$ 时，发生单相接地故障，经过半个工频周期后，i_L 达到最大值，即

$$i_{L\max} = I_{Lm}(1 + e^{\frac{r_t}{\omega L}\pi})$$

（2-18）

同时，理论分析表明，电感电流暂态过程长短与接地瞬间的电压相角、铁芯的饱和程度有关。若 $\varphi=0$，则电感电流的直流分量较大，时间常数较小，大约在一个工频周波之内衰减完毕。若 $\varphi=\pi/2$，则电感电流的直流分量较小，时间常数较大，一般为2~3周波，有时可持续3~5周波，而且频率为工频。

5）暂态接地电流。暂态接地电流由暂态电容电流和暂态电感电流叠加而成，其特征随两者的具体情况而定。从上面的分析可知，虽然两者的最大值相差不大，但频率差别较大，故不能互相补偿。在暂态过程的初始阶段，暂态接地电流的特征主要由暂态电容电流的特征所决定。为了平衡暂态电感电流中的直流分量，于是暂态接地电流中便产生了与之大小相等、方向相反的直流分量，它虽然不会改变首半波的极性，但对幅值有明显影响。

综上，当单相接地故障发生后，不论电网的中性点是否为谐振接地，故障初期的暂态电流的幅值和频率均主要由暂态电容电流确定，同时其幅值和初始相角有关。当故障发生在相电压接近于最大值的瞬间时，电容电流有最大值；当单相接地故障发生在相电压接近零时，则电容电流的暂态分量很小。

故障初始的暂态电流的幅值和频率主要由暂态电容电流所确定，而暂态电容电流的分布与中性点不接地系统中的电容电流分布情况类似，由此得到小电流接地系统单相接地故障时暂态零序电流分量有以下特点：

a. 线路故障时，所有非故障线路的暂态零序电流方向（从母线流向线路）与故障线路的暂态零序电流方向（由线路流向母线）相反，且故障线路的暂态零序电流的幅值较非故障线路大。

b. 暂态零序电流的数值较稳态值大很多，持续时间短，约为 0.5~1.0 个工频周波。

由暂态过程分析可知，配电网出现单相接地故障时，其暂态过程存在着丰富的故障信息，又因此故障时的暂态过程不受接地方式的影响，即中性点不接地系统和中性点谐振接地系统故障时的暂态过程基本是相同的，因此，零序电流的暂态分量在故障选线中有着非常重要的意义。

2.1.1.2 铁磁谐振故障产生的机理

在中性点不接地系统中，为了监视系统三相对地电压，电站母线上常接有 Y_0 接线的电磁式电压互感器，如图 2-8（a）所示，系统中存在电力设备和线路对地电容 C_0 及电压互感器的励磁电感 L_1、L_2 和 L_3。系统正常运行时，电压互感器的励磁阻抗很大，和电容 C_0 并联后，每相对地阻抗呈容性，三相基本平衡。但是当系统出现扰动（例如三相非同期合闸、单相接地故障消失等），使电压互感器三相电感饱和程度不同时，电压互感器的励磁阻抗和系统对地电容形成谐振回路。由于回路参数和激发条件不同，可能造成分频、工频和高频铁磁谐振，系统两相或三相对地电压同时升高，电网对地电压的变动表现为电源中性点位移，也就是使电网出现零序电压，将全部反映至互感器的开口三角形绕组，引起虚幻的接地信号，造成值班人员的错觉。

由于中性点谐振接地系统中，消弧线圈的电感值远小于电压互感器的励磁电感，基本不可能发生电压互感器饱和引起的铁磁谐振现象，因此仅需要分析中性点不接地系统中电压互感器铁磁谐振，其等值电路如图 2-8（b）所示。铁磁谐振中高频谐振和低频谐振可以通过分析零序电压频率与单相接地故障加以区分，但基频谐振产生的零序电压为工频 50Hz，因此需要重点研究基频铁磁谐振的特征和辨识技术。

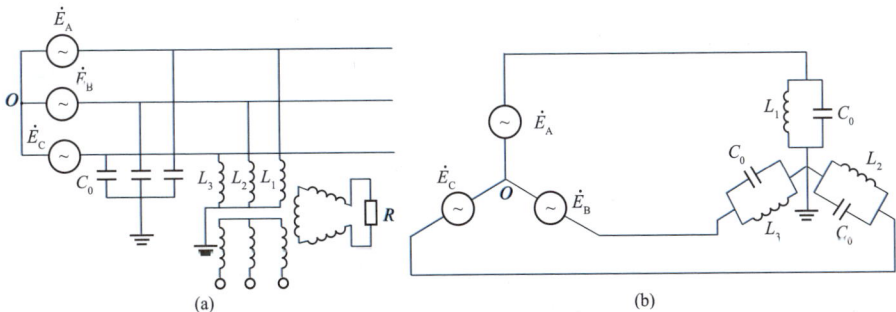

图 2-8 带有 Y_0 接线电压互感器的中性点不接地系统
(a) 原理接线；(b) 等值电路

由图 2–8（b）可得系统中性点位移电压为

$$\dot{U}_0 = \frac{\dot{E}_A Y_A + \dot{E}_B Y_B + \dot{E}_C Y_C}{Y_A + Y_B + Y_C} \qquad (2\text{–}19)$$

式中：Y_A、Y_B、Y_C 分别为三相回路的等值导纳。

系统正常运行时，$Y_A = Y_B = Y_C$，且 $\dot{E}_A + \dot{E}_B + \dot{E}_C = 0$，所以 $\dot{U}_{0+} = 0$，即中性点为零电位。

当系统受到干扰，电压互感器磁路可能出现饱和，由于系统运行工况和激发条件等参数不同，可能造成电压互感器三相饱和程度不同，一般分为以下几种情况。

（1）三相饱和程度不同，三相等效导纳仍为容性。当电压互感器一相轻度饱和，假设为 A 相轻度饱和发生基频谐振时，该相的等值导纳依然为容性，用等值电容 C_A 表示，非饱和相等值导纳也为容性，分别用等值电容 C_B 和 C_C 表示，则中性点位移电压为

$$\dot{U}_0 = \frac{\dot{E}_A C_A + \dot{E}_B C_B + \dot{E}_C C_C}{C_A + C_B + C_C} \qquad (2\text{–}20)$$

相量分析可知，当三相导纳性质相同时，中性点 O' 在电压三角形内，如图 2–9（a）所示，这样才能满足 $\dot{I}_A + \dot{I}_B + \dot{I}_C = 0$，因此，这种情况下会出现一相或两相电压升高的现象，但电压升高不会超过线电压。

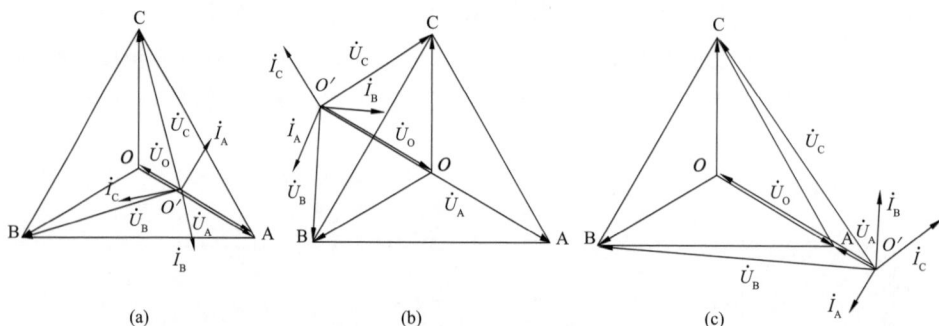

图 2–9　中性点位移电压相量图

(a) 三相导纳为容性；(b) 两相导纳呈容性，一相呈感性；(c) 两相呈感性，一相呈容性

（2）一相严重饱和而导纳呈感性，其余两相仍为容性。假设 A 相严重饱和，等值电感为 L，其余两相等值电容为 $C_B = C_C = C$，根据式（2–20），中性点位移电压为

$$\dot{U}_0 = \frac{\dot{E}_A \dfrac{1}{j\omega L} + \dot{E}_B j\omega C + \dot{E}_C j\omega C}{\dfrac{1}{j\omega L} + j\omega C + j\omega C} = \dot{E}_A \frac{\omega C + \dfrac{1}{\omega L}}{2\omega C - \dfrac{1}{\omega L}} \qquad (2\text{-}21)$$

又 $\dfrac{\omega C + \dfrac{1}{\omega L}}{2\omega C - \dfrac{1}{\omega L}} = \dfrac{1 + \dfrac{1}{\omega^2 LC}}{2 - \dfrac{1}{\omega^2 LC}} \geqslant \dfrac{1}{2}$, $\dot{U}_0$ 与 $\dot{E}_A$ 同相, 所以此时中性点 O' 必然偏移

至电压三角形外, 才能满足 $\dot{I}_A + \dot{I}_B + \dot{I}_C = 0$, 如图 2-9(b) 所示, 这样会造成饱和相电压升高, 另外两相电压可能升高也可能降低。

（3）两相严重饱和而导纳呈感性, 一相仍为容性。假设 A 相导纳仍为容性, 等值电容为 C, 其余两相严重饱和, 等值电感 $L_B = L_C = L$, 根据式（2-20）, 中性点位移电压为

$$\dot{U}_0 = \frac{\dot{E}_A j\omega C + \dot{E}_B \dfrac{1}{j\omega L} + \dot{E}_C \dfrac{1}{j\omega L}}{j\omega C + \dfrac{1}{j\omega L} + \dfrac{1}{j\omega L}} = -\dot{E}_A \frac{\omega C + \dfrac{1}{\omega L}}{\omega C - \dfrac{2}{\omega L}} \qquad (2\text{-}22)$$

因为 $\dfrac{\omega C + \dfrac{1}{\omega L}}{\omega C - \dfrac{2}{\omega L}} = \dfrac{1 + \dfrac{1}{\omega^2 LC}}{1 - \dfrac{2}{\omega^2 LC}} \geqslant 1$, $\dot{U}_0$ 与 $\dot{E}_A$ 反相, 所以此时中性点 O' 也必然偏

移至电压三角形外, 如图 2-9(c) 所示, 这样会造成两饱和相电压同时升高, 另外一相电压可能升高也可能降低。

（4）三相均严重饱和而呈感性。相量分析可知, 此时与三相仍呈容性的情况类似, 中性点 O' 在电压三角形内, 这样, 三相电压不会同时升高, 至少有一相电压会降低, 那么该相将无法使其励磁电感饱和, 因此, 实际情况中不可能出现三相同时严重饱和的情况。

运行经验表明, 实际系统中电压互感器饱和造成铁磁谐振的情况多为上述第三种, 即两相严重饱和而导纳呈感性, 另一相仍为容性, 此时两饱和相电压升高, 另一相电压一般降低。

电压互感器铁芯过饱和引起铁磁谐振的谐振频率与系统对地容抗和电压互感器励磁回路在额定线电压下的感抗的比值有关, 如图 2-10 所示。在图 2-10 中横坐标是 X_{C0}/X_m, 这里 X_{C0} 为系统每相对地容抗, X_m 为系统中所有对地连接的电磁式电压互感器在额定线电压下的励磁电抗的并联等值总电抗。

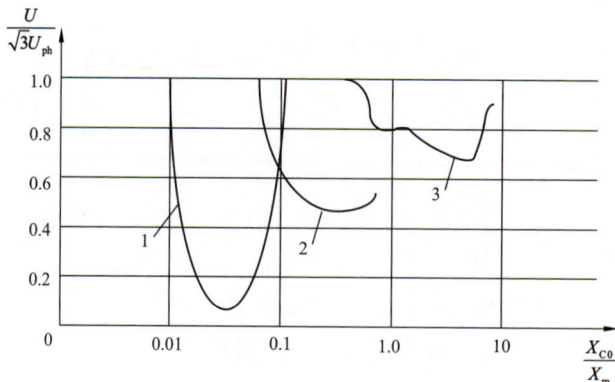

图 2-10 不同谐波的谐振区域图

1）当 X_{C0}/X_m 在 0.01~0.08 区域内，发生分频谐振；

2）当 X_{C0}/X_m 在 0.08~0.5 区域内，发生基波谐振；

3）当 X_{C0}/X_m 在 0.5~3.0 区域内，发生为高频谐振（主要是 3 次谐波谐振）；

4）当 X_{C0}/X_m 在 <0.01 或者 >3.0 区域，系统脱离谐振区域，一般不发生谐振。

从图 2-10 曲线包围的面积看，发生分频谐振的可能性最大，其次是基波谐振，而发生 3 次谐波谐振的可能性最少，这也符合现场运行经验。而且含有电缆线路的城市配电网，系统对地容抗相对较小，一般均处于分频谐振区域甚至非谐振区域，发生基频谐振和高频谐振的可能性非常小。

分频谐振通常发生在系统中出现单相接地故障消除的瞬间，也包括单相接地故障发展成相间短路而跳闸的瞬间。由于分频谐振时存在频差，配电盘电压表指示会有抖动或低频摇摆。

2.1.1.3 电压互感器断线故障产生的机理

电压互感器断线故障是变电站内一种常见的故障，会使电网保护装置的电压采集量发生偏差，进而影响到装置的正确动作，使装置无法对电网进行有效保护。在中性点不接地系统中，当系统的接地电容电流较大时，在单相接地故障恢复的瞬间，容易发生电磁式电压互感器一次保险熔断事故，不仅影响电费计量，而且可能引起继电器误动作，造成工作人员误判为系统接地故障，对于电网的可靠运行不利。

按照断线的位置，电压互感器断线可分为电压互感器一次侧断线和电压互感器二次侧断线；按照断线的相别可分为对称断线（即全部断线）和不对称断线。当电压互感器一次侧三相对称断线时，两种接线的二次侧绕组电压均为零；当电压互感器一次侧不对称断线时，星形接线的二次侧绕组，断线相电压为零，未断线侧相电压正常，开口三角形接线绕组两端电压不为零。

当电压互感器二次侧断线时，星形接线的二次绕组，断线相电压为零，未断线相电压正常，开口三角形接线绕组两端电压为零。

由于电压互感器断线故障也可能使二次侧开口三角形两端电压不为零，因此，在中性点不接地系统中，电压互感器断线的判据应能够区分单相接地故障和不对称断线。电压互感器对称断线都是按照三相无压，线路有流进行判断，而不对称断线的判据则不尽相同。下面以其中三种判据为例进行说明。

（1）同时检测电压量和电流量。若保护装置检测到电流量，而此时电压互感器任一相电压为零，可以判断为电压互感器断线。该方法的优点是对于电压互感器一次侧断线和二次侧断线都能够正确判断，缺点是判断电流量的阈值难以确定，若阈值过大，保护装置不能可靠闭锁，容易造成误动，若阈值过小，由于零漂现象的存在，可能造成保护装置拒动。

（2）负序电压大于设定值。电压互感器不对称断线时存在负序电压，而系统单相接地故障时负序电压为零，利用这一特点，可以设定负序电压大于某一指定值时即判断为电压互感器不对称断线故障。该方法对于电压互感器一次侧断线和二次侧断线都能够正确判断。

（3）三相电压的相量和大于一指定值，并且至少有一线电压的模值之差大于阈值。三相电压的相量和大于一指定值（18V）是不对称断线的主要特征，而中性点不接地系统中，单相接地故障时三相线电压仍然对称，因此用"至少有一线电压的模值之差大于20V"可以区分单相接地故障和电压互感器不对称断线。

2.1.2 不同线路条件下引起零序参量升高的故障特征分析

本节针对单相接地故障、铁磁谐振故障、线路断线故障等配电网典型故障类型进行仿真，计算采用电磁暂态分析程序（Electro-Magnetic Transient Program，EMTP），其中交流暂态分析程序（Alternative Transients Program，ATP）是 EMTP 使用最广泛的版本，EMTP/ATP 可以完成多种形式电力系统的暂态或稳态过程仿真计算，能够满足配电网故障的数值仿真要求。

2.1.2.1 不同线路条件下单相接地故障特征分析

（1）仿真模型及参数设置。以简单配电网络为例说明单相接地故障仿真模型所涉及的元件及参数，如图 2–11 所示。主变压器 T 变比为 110/10kV，高压侧接无限大电源；R_f 为接地故障电阻；系统出线有三种不同线路条件：架空线路、电缆线路、架空线和电缆混联线路。

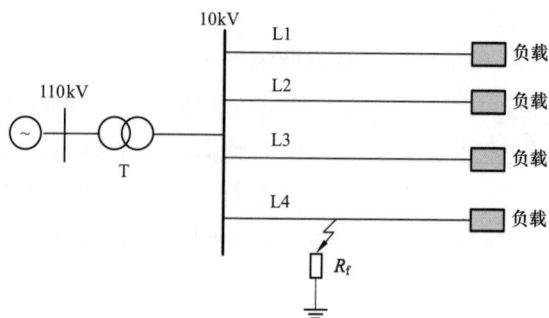

图 2-11　辐射状配电网系统

相关元件的模型及参数如下所示：

1）电源。无穷大电源采用三相交流电压源模拟。

2）变压器。变压器变比 110/10kV，YY 型接线，额定容量 31.5MVA，空载损耗 31.05kW，短路损耗 190kW，空载电流 0.67%，短路电压 10.5%。

变压器采用 Π 型等值模型，如图 2-12 所示。忽略励磁支路，将变压器二次绕组的电阻和漏抗折算到一次绕组侧并和一次绕组的电阻和漏抗合并，用等值阻抗 R_T+jX_T 来表示，因为需要求出变压器二次绕组的实际电流和电压，因此采用不计励磁支路的星形等值电路和理想变压器串联的电路模拟。

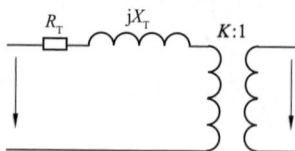

图 2-12　变压器的 Π 型等值计算电路

将 R_T、X_T 归算至 10kV 侧，有

$$R_T = \frac{\Delta P_s U_N^2}{S_N^2} \times 10^3 \frac{190 \times 10^2}{31.5^2 \times 10^3} = 0.019\Omega, \quad X_T = \frac{\Delta U_s}{100} \times \frac{U_N^2}{S_N} \times 10^3 \frac{10.5}{100} \times \frac{10^2}{31.5} = 0.333\Omega$$

3）电力线路。电力线路采用自动计算参数的架空线路/电缆模型来模拟。

架空线：导线型号 LGJ-70/10，外径 11.40mm，20℃直流电阻（不大于）0.4217Ω；线路杆塔采用 Z 型杆塔，呼高 8m。

电缆：交联聚乙烯绝缘聚氯乙烯护套电力电缆 YJV8.7/10kV，导体标称截面 1×120mm²，绝缘厚度 4.5mm，护套厚度 1.8mm，电缆近似外径 30mm。

4）负载。负荷阻抗统一采用 $Z_L=400+j20\Omega$。

5）接地故障。采用时控开关和电阻串联的模型模拟单相接地故障，改变电阻值可模拟不同类型的接地故障。

针对架空线路、电缆线路、架空线和电缆混联线路三种不同的配电网络结构，分别研究单相接地故障电阻值变化时对故障参量的影响情况。

（2）架空线路单相接地故障仿真分析。

1）小电阻接地故障特征分析。仿真分析在 R_f/X 值为 0.01 时，即小电阻接地情况下，A 相在不同相位时发生接地故障，母线三相电压的暂态变化过程。

在只有架空线路的配电系统中，当 A 相相位分别为 0°、30°、60°、90°、120°、180° 时发生单相接地故障，故障电阻设为 23Ω，得到故障后母线电压波形如图 2-13 所示。

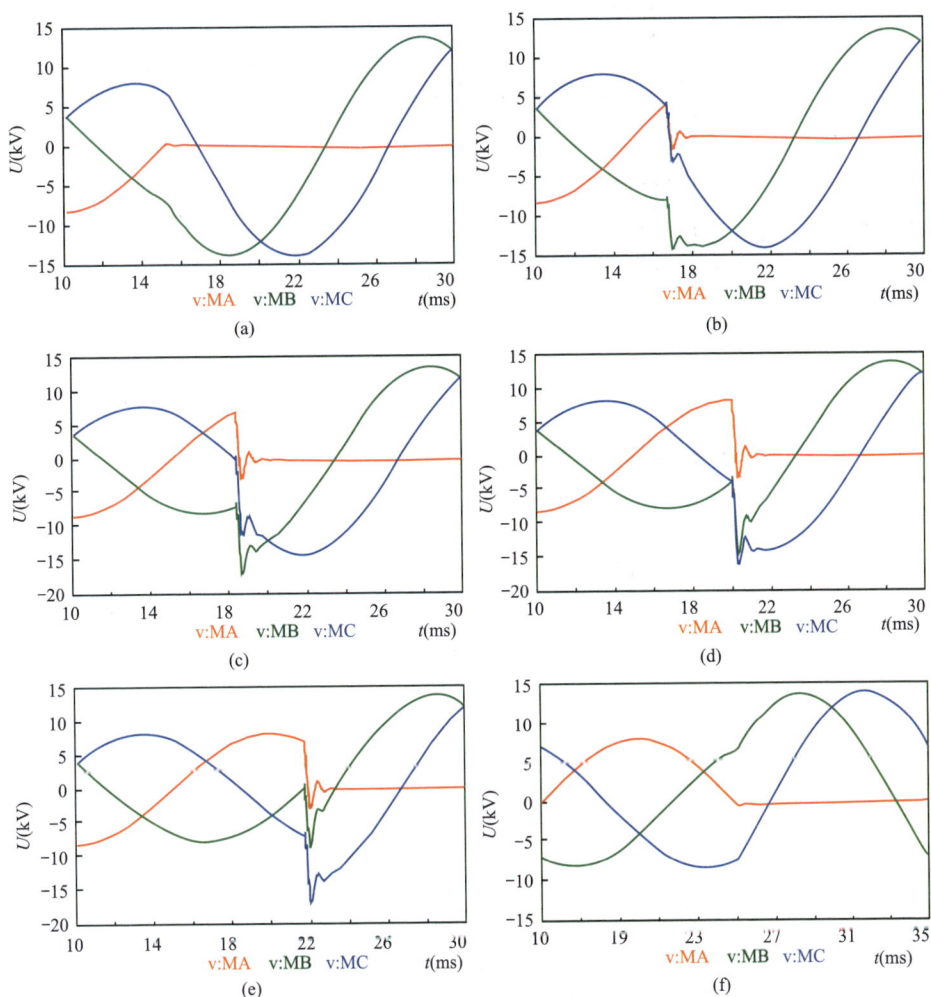

图 2-13　架空线路小电阻接地故障母线电压波形
(a) $\varphi=0°$；(b) $\varphi=30°$；(c) $\varphi=60°$；(d) $\varphi=90°$；(e) $\varphi=120°$；(f) $\varphi=180°$

从图 2-13 可以看出，当故障接地电阻很小时，故障相会经过很短的暂态过程很快降为 0，不论 A 相发生故障时的相位，3ms 内故障相电压幅值必定能降低到小于非故障相，可快速判断出故障相。

2）接地电阻对故障特征的影响分析。假设配电网中只有架空线路，仿真模型如图 2-14 所示，10kV 配电系统由 4 条不同长度的架空线路组成，L1~L4长度分别为 5、10、15、20km。单相接地故障设置在 L4 的中部位置，线路 A相在 0.02s 时发生单相接地故障，此时 A 相电压达到最大值。

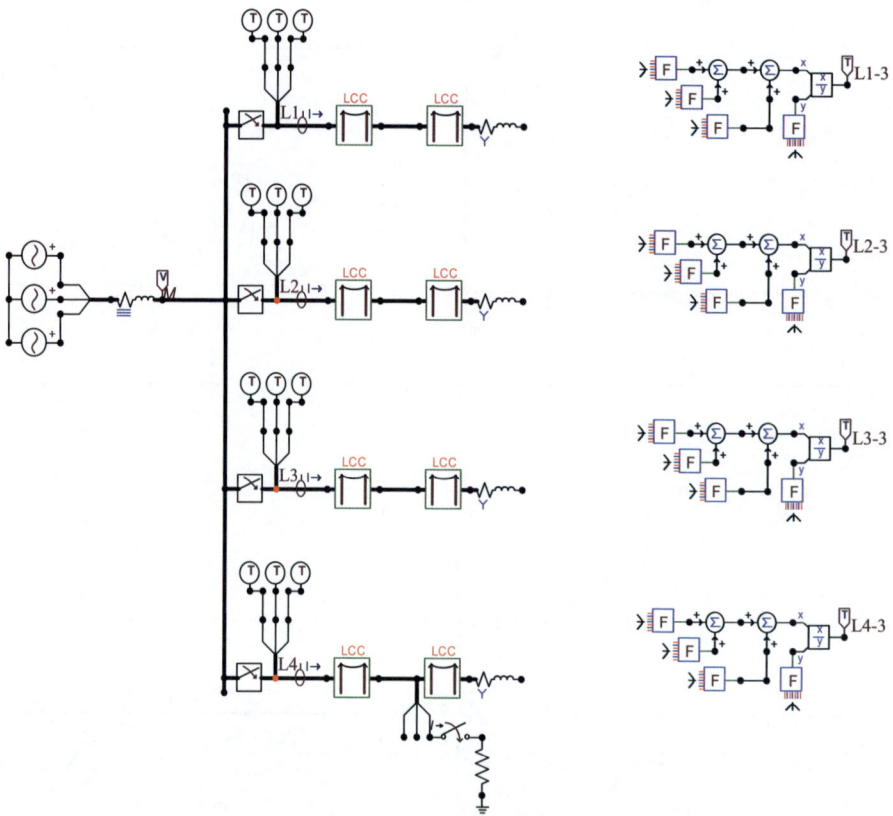

图 2-14　架空线路单相接地故障仿真模型

a. 电压变化特征。计算中改变故障电阻 R_f 值，分析 R_f/X 值变化对母线三相电压的影响。根据仿真结果，得到 R_f/X 值不同时母线电压稳态有效值，如表 2-1 所示。

表 2-1 　　　　　　　　　　　 R_f/X 值不同时故障参量值

R_f/X	母线电压稳态有效值（kV）		
	A	B	C
0.01	0.09	9.93	10.02
0.5	1.32	9.02	10.30
1.0	2.36	8.03	10.25
3.0	4.45	5.57	9.00
5.0	5.10	4.98	8.07
7.0	5.37	4.90	7.52
10.0	5.55	4.98	7.06
15.0	5.77	5.12	6.67

　　根据表中数据作母线电压稳态有效值随 R_f/X 变化的曲线，如图 2-15 所示，随着 R_f/X 值增大，故障相 A 相电压逐渐升高，非故障相 B 相电压逐渐降低，C 相电压先升高后降低，A 相电压在 R_f/X 值接近 5.0 时升高超过 B 相电压，故障相前一相 C 相电压始终最大，若 R_f/X 值继续增大，最终三相电压将趋于相等。由于架空线路容抗 X 较大， R_f/X 值难以达到很大，通过三相电压幅值比较容易判断出故障相。

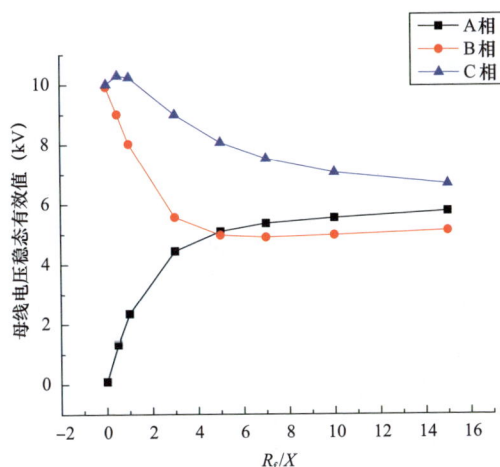

图 2-15　母线电压稳态有效值随 R_f/X 变化曲线

　　其中，故障过渡电阻为 10、500、1000、5000Ω 时母线三相电压和中性点电压波形如图 2-16~ 图 2-19 所示。

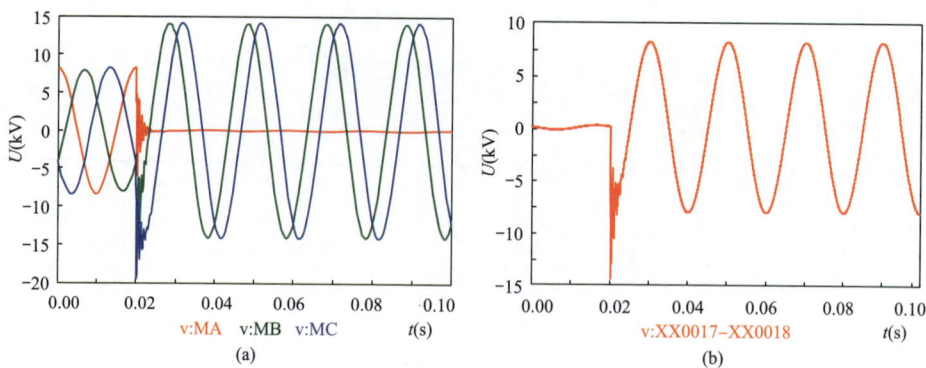

图 2-16　单相故障电阻为 10Ω 时电压波形

(a) 母线三相电压波形；(b) 中性点电压波形

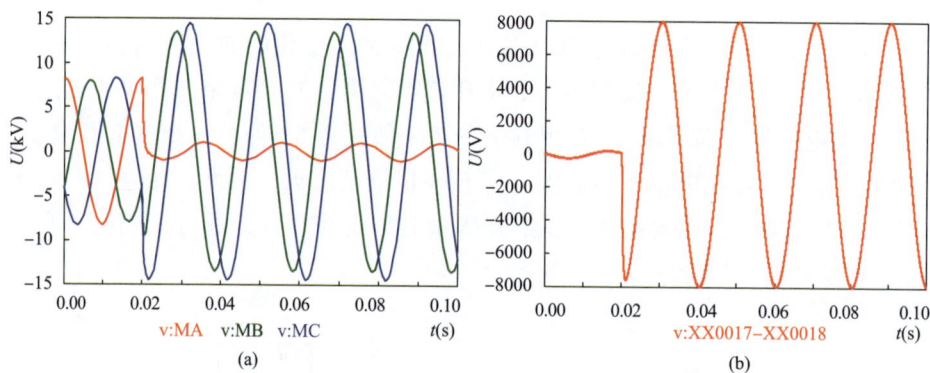

图 2-17　单相故障电阻为 500Ω 时电压波形

(a) 母线三相电压波形；(b) 中性点电压波形

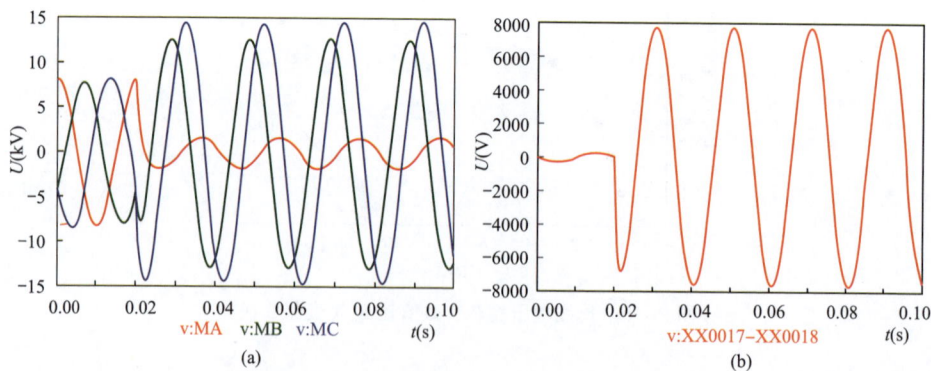

图 2-18　单相故障电阻为 1000Ω 时电压波形

(a) 母线三相电压波形；(b) 中性点电压波形

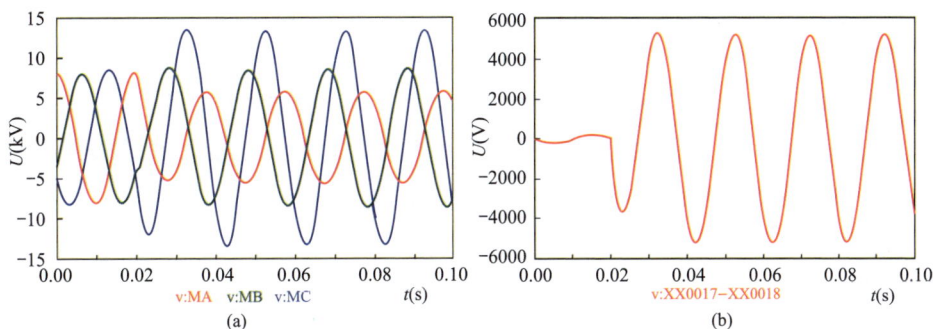

图 2-19　单相故障电阻为 5000Ω 时电压波形

(a) 母线三相电压波形；(b) 中性点电压波形

b. 电流变化特征。假设在架空线路 L4 的中间发生单相接地故障，根据计算结果，得到单相故障电阻不同时电流的变化情况，如表 2-2 所示。

表 2-2　　　　　　　　　单相故障电阻不同时电流变化情况

故障电阻 (Ω)	接地电流（A）		线路首端电流（A）				线路首端零序电流 (稳态有效值，A)	
	暂态幅值	稳态有效值	暂态幅值		稳态有效值		故障线路	非故障线路
			故障线路	非故障线路	故障线路	非故障线路		
10	44.4	1.3	57.2	24.1	14.6	14.4	0.25	0.13
500	12.7	1.2	34.1	20.9	14.7	14.4	0.25	0.12
1000	7.2	1.2	28.7	20.7	14.8	14.4	0.24	0.12
5000	1.6	0.8	22.4	20.4	14.9	14.3	0.16	0.08

由表 2-2 的结果可知：

（a）当配电系统中只有架空线路时，系统对地电容较小，稳态接地电流较小，故障线路和非故障线路稳态电流差异较小。

（b）当故障电阻较小时，故障线路与非故障线路暂态过程差异较大，但是随着故障电阻增大，暂态接地电流减小，线路首端电流暂态过程差异逐渐缩小，当故障电阻非常大时，差异不明显。

（c）对故障线路与非故障线路零序电流的分析可知，虽然故障电阻的变化对稳态零序电流的幅值有影响，但是故障线路的零序电流方向始终与非故障线路相反，且幅值略大于非故障线路。据此可以判断发生单相接地故障的线路。

（d）随着故障电阻增大，中性点电压减小，故障相电压升高，若故障电阻继续增大，故障相电压将超过非故障相电压，但是故障相的前一相电压始终是三相中最大的。可以据此针对非金属性接地故障进行选相。

故障电阻分别为 10、500、1000、5000Ω 时，故障线路和非故障线路电流波形如图 2-20~ 图 2-23 所示。其中 L4 为故障线路，L1~L3 为非故障线路，以 L3 和 L4 为例对比非故障线路和故障线路的电流波形差异。

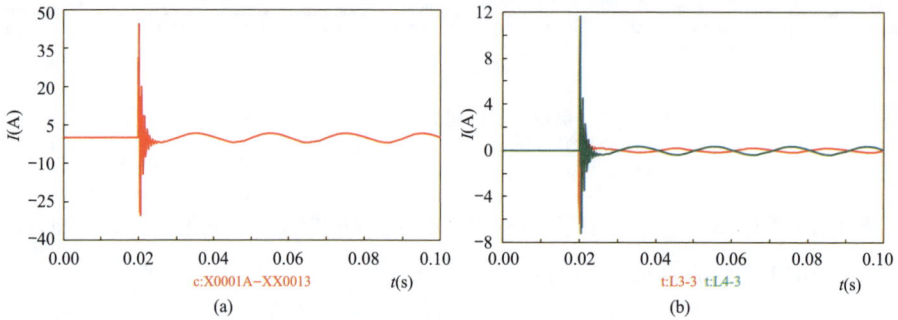

图 2-20　单相故障电阻为 10Ω 时电流波形
(a) 故障电流波形；(b) 非故障线路与故障线路首端零序电流波形

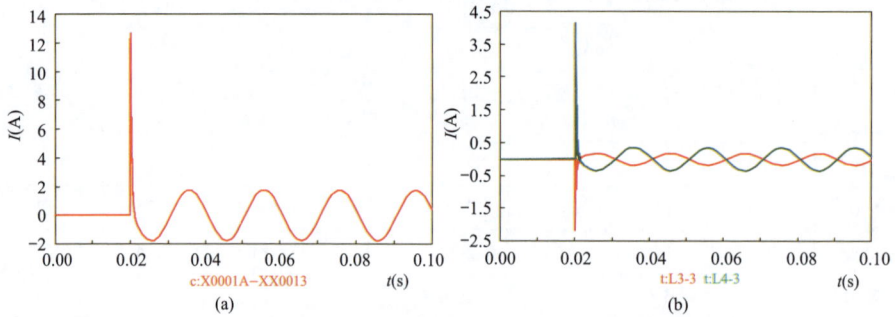

图 2-21　单相故障电阻为 500Ω 时电流波形
(a) 故障电流波形；(b) 非故障线路与故障线路首端零序电流波形

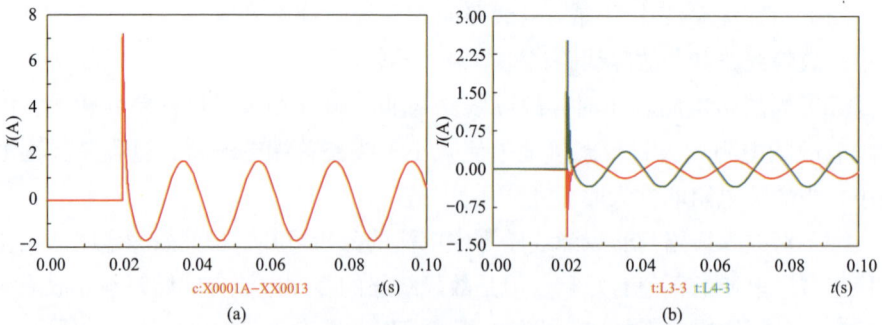

图 2-22　单相故障电阻为 1000Ω 时电流波形
(a) 故障电流波形；(b) 非故障线路与故障线路首端零序电流波形

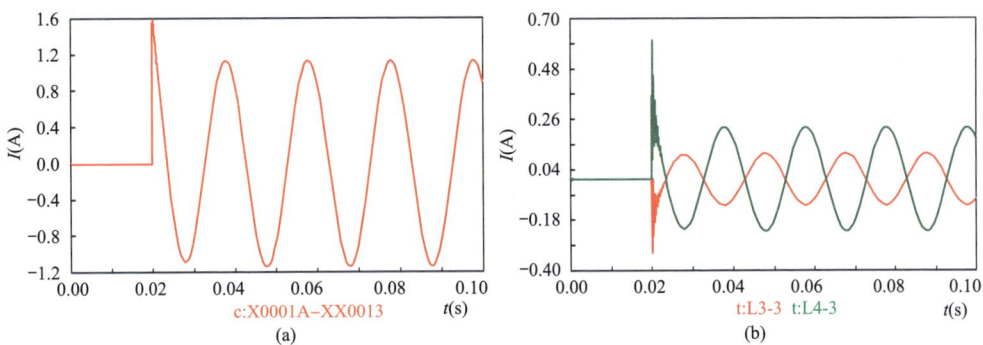

图 2-23 单相故障电阻为 5000Ω 时电流波形
(a) 故障电流波形；(b) 非故障线路与故障线路首端零序电流波形

（3）电缆线路单相接地故障仿真分析。假设配电网中只有电缆线路，仿真模型如图 2-24 所示，10kV 配电系统由 4 条不同长度的电缆线路组成，L1~L4 长度分别为 5、10、15、20km。单相接地故障设置在 L4 的中部位置，线路 A 相在 0.02s 时发生单相接地故障，此时 A 相电压达到最大值。

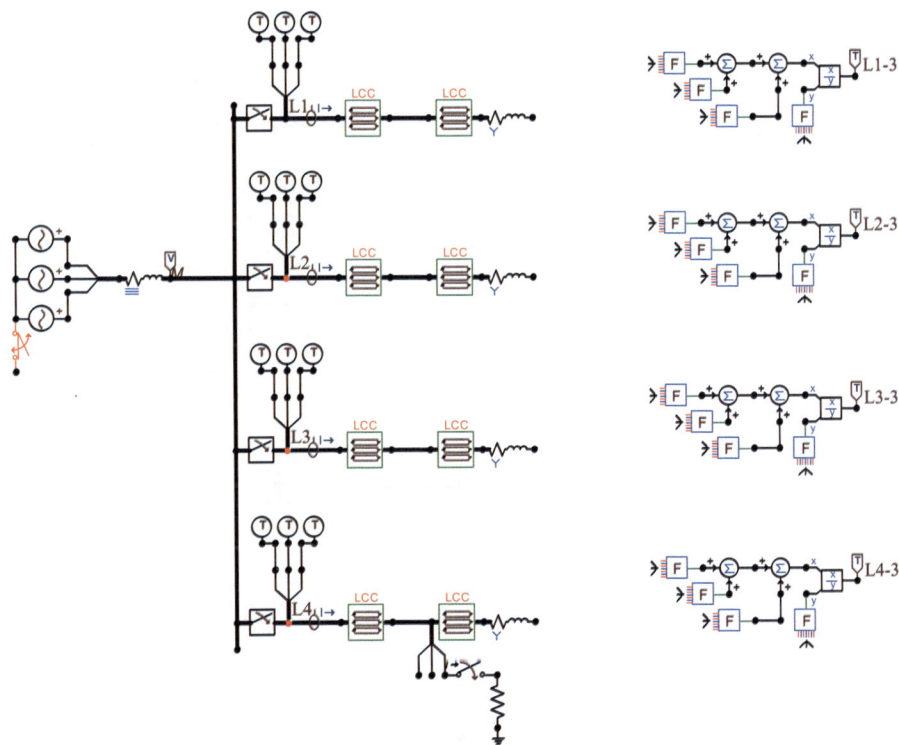

图 2-24 电缆线路单相接地故障仿真模型

1）电压变化特征。计算中改变故障电阻 R_f 值，分析 R_f/X 值变化对母线三相电压的影响。根据仿真结果得到 R_f/X 值不同时母线电压稳态有效值，如表 2-3 所示。

表 2-3　　　　　　　　　　　　R_f/X 值不同时故障参量值

R_f/X	母线电压稳态有效值（kV）		
	A	B	C
0.01	0.13	9.96	10.09
0.5	1.81	8.76	10.55
1.0	3.13	7.39	10.37
3.0	5.16	4.87	8.40
5.0	5.55	4.81	7.45
7.0	5.71	5.05	6.81
10.0	5.76	5.23	6.50
15.0	5.78	5.39	6.25

根据表中数据作母线电压稳态有效值随 R_f/X 变化的曲线，如图 2-25 所示，三相电压的变化规律与架空线路类似，A 相电压在 R_f/X 值接近 3.0 时升高，超过 B 相电压，故障相前一相 C 相电压始终最大，若 R_f/X 值继续增大，最终三相电压将趋于相等。由于架空线路容抗 X 较小，R_f/X 值较容易达到很大值，故障电阻较大时，难以判断出故障相。例如在该系统中故障电阻达到 1150Ω 时，

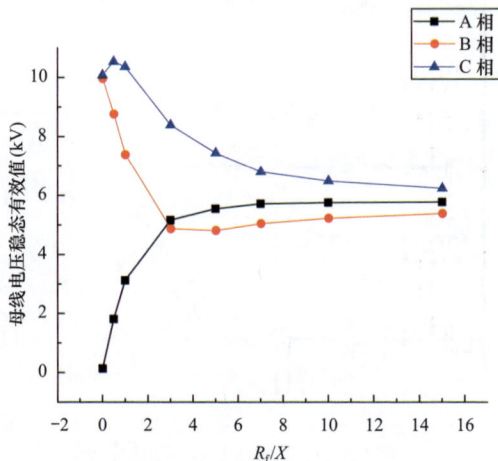

图 2-25　母线电压稳态有效值随 R_f/X 变化曲线

三相电压差别不足 20%，准确选相难以完成。

其中，故障过渡电阻为 10、500、1000、5000Ω 时，母线三相电压和中性点电压波形如图 2-26~ 图 2-29 所示。

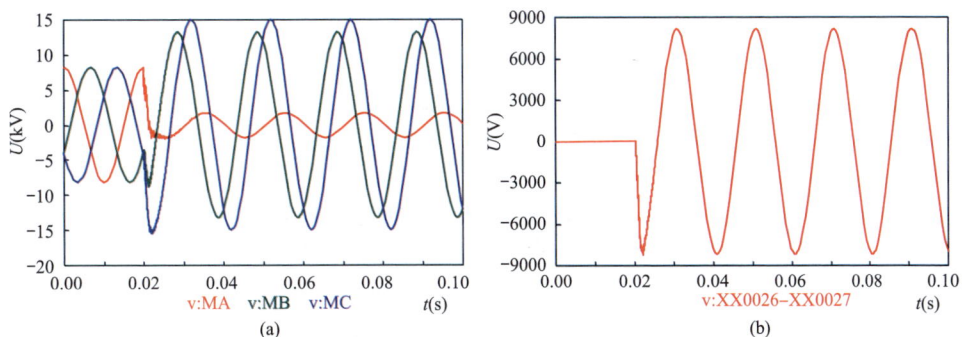

图 2-26 单相故障电阻为 10Ω 时电压波形
(a) 母线三相电压波形；(b) 中性点电压波形

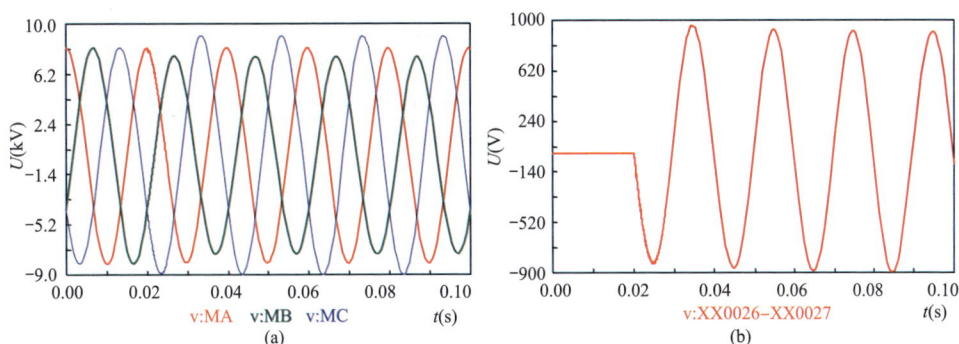

图 2-27 单相故障电阻为 500Ω 时电压波形
(a) 母线三相电压波形；(b) 中性点电压波形

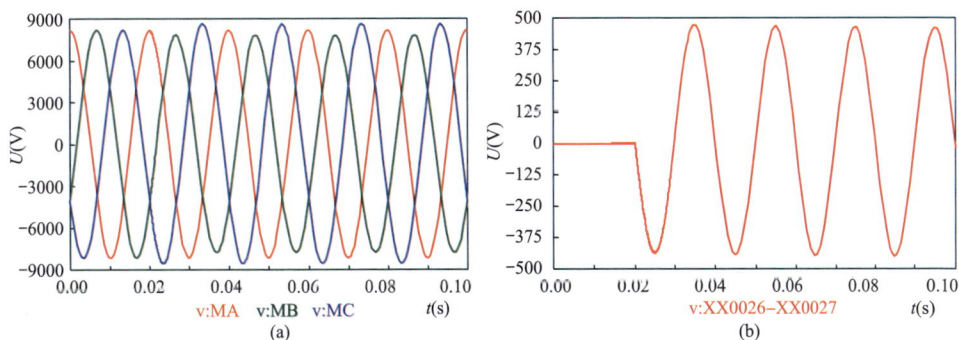

图 2-28 单相故障电阻为 1000Ω 时电压波形
(a) 母线三相电压波形；(b) 中性点电压波形

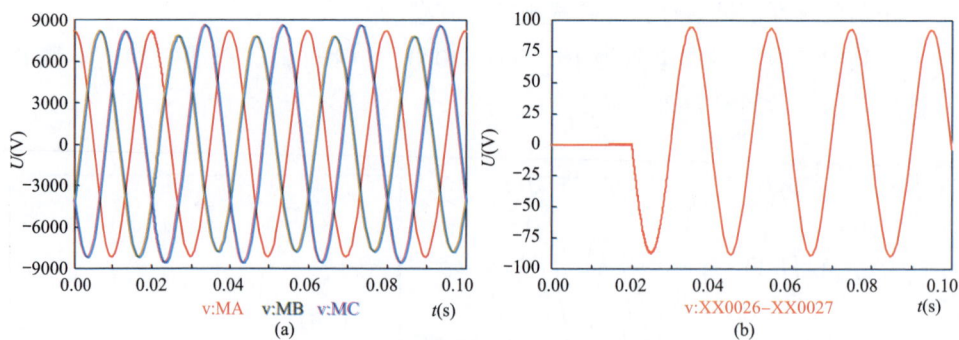

图 2-29 单相故障电阻为 5000Ω 时电压波形

(a) 母线三相电压波形；(b) 中性点电压波形

2）电流变化特征。假设在架空线路 L4 的中间发生单相接地故障，根据计算结果，得到单相故障电阻不同时电流的变化情况，如表 2-4 所示。

表 2-4　　　　　　　　　　单相故障电阻不同时电流变化情况

故障电阻（Ω）	接地电流（A）		线路首端电流（A）				线路首端零序电流（稳态有效值，A）	
	暂态幅值	稳态有效值	暂态幅值		稳态有效值		故障线路	非故障线路
			故障线路	非故障线路	故障线路	非故障线路		
10	485.8	102.8	448.0	106.2	102.5	26.1	20.79	10.13
500	16.1	11.4	42.9	25.7	26.5	16.9	2.31	1.59
1000	8.0	5.7	30.9	24.1	21.8	16.5	1.16	0.57
5000	1.6	1.2	25.9	22.9	18.2	16.1	0.23	0.11

由表 2-4 的结果可知：

a. 当配电系统中只有电缆线路时，系统对地电容较大，当故障电阻较小时，稳态接地电流较大，故障线路和非故障线路稳态电流差异较大；但是稳态接地电流受故障电阻影响较大，当故障电阻很大时，稳态接地电流变得很小，故障线路与非故障线路的稳态电流差异很小。

b. 对于暂态过程，当故障电阻较小时，故障线路与非故障线路暂态过程差异较大，但是随着故障电阻增大，暂态接地电流减小，线路首端电流暂态过程差异逐渐缩小，当故障电阻非常大时，差异不明显。

c. 对故障线路与非故障线路零序电流进行分析可知，与架空线路类似，虽然故障电阻的变化对稳态零序电流的幅值有影响，但是故障线路的零序电流方向始终与非故障线路相反，且幅值略大于非故障线路。

d. 随着故障电阻增大，故障相电压增大，故障相前一相电压始终最大。由于电缆线路对地电容很大，在故障电阻很大时，中性点电压很低，各相电压相差很小，较难判断故障相。若要求选相更准确，需要采取其他方法。

故障电阻分别为 10、500、1000、5000Ω 时，故障线路和非故障线路电流波形如图 2-30~图 2-33 所示。其中 L4 为故障线路，L1~L3 为非故障线路，以 L3 和 L4 为例对比非故障线路和故障线路的电流波形差异。

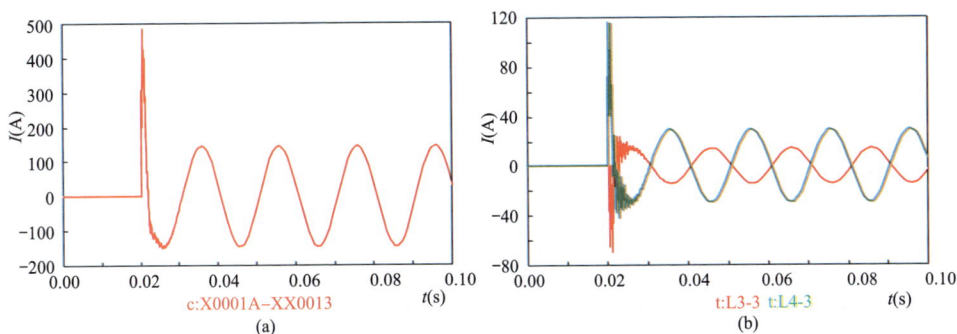

(a)   (b)

图 2-30　单相故障电阻为 10Ω 时电流波形
(a) 故障电流波形；(b) 非故障线路与故障线路首端零序电流波形

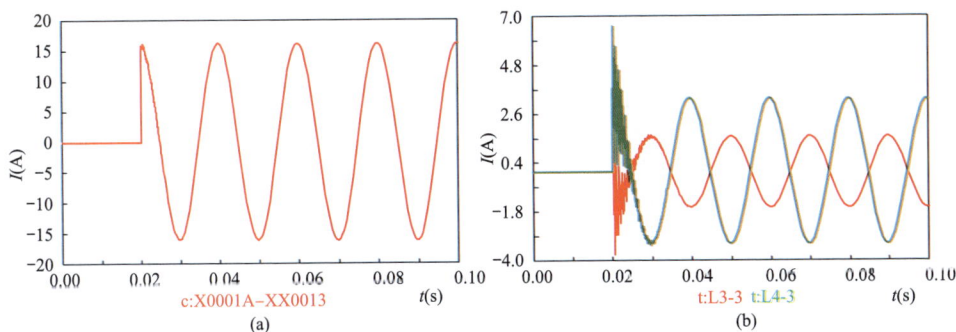

(a)   (b)

图 2-31　单相故障电阻为 500Ω 时电流波形
(a) 故障电流波形；(b) 非故障线路与故障线路首端零序电流波形

另外，假设故障电阻为 1000Ω，改变故障线路长度，研究故障线路长度对暂态过程的影响，当故障线路分别长 10、20、30、40km 时，故障线路首端电流波形如图 2-34 所示。

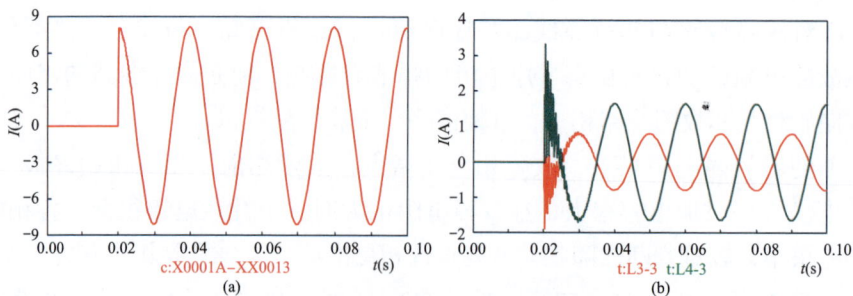

c:X0001A-XX0013
(a)

t:L3-3 t:L4-3
(b)

图 2-32　单相故障电阻为 1000Ω 时电流波形
（a）故障电流波形；（b）非故障线路与故障线路首端零序电流波形

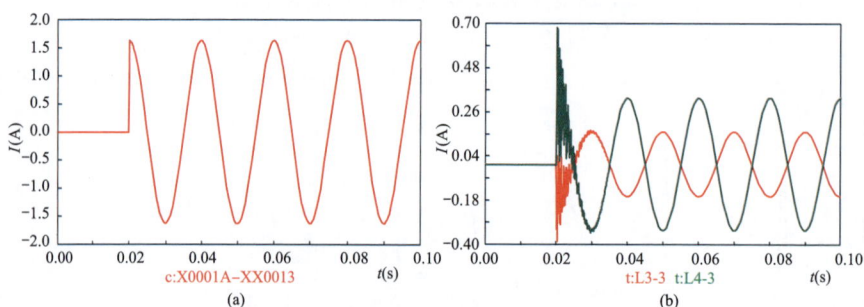

c:X0001A-XX0013
(a)

t:L3-3 t:L4-3
(b)

图 2-33　单相故障电阻为 10Ω 时电流波形
（a）故障电流波形；（b）非故障线路与故障线路首端零序电流波形

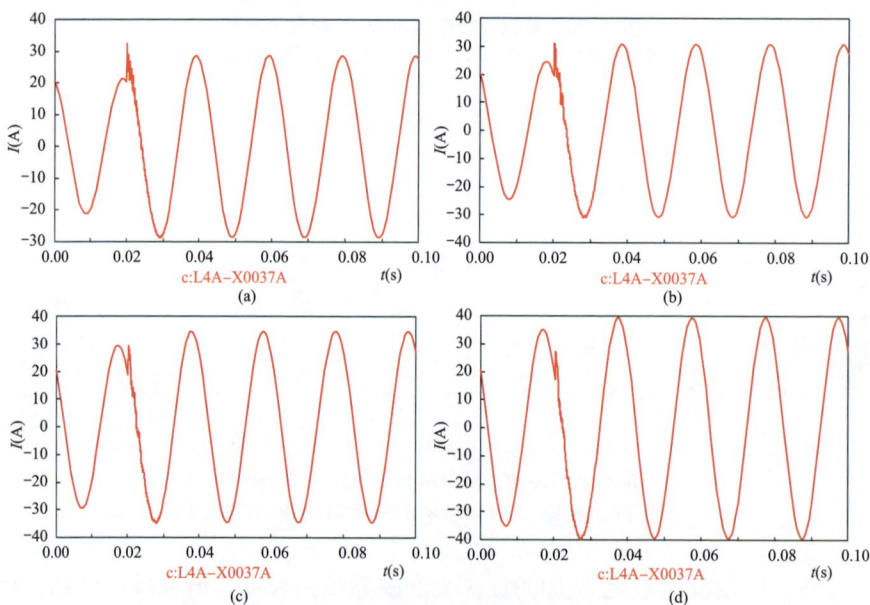

c:L4A-X0037A
(a)

c:L4A-X0037A
(b)

c:L4A-X0037A
(c)

c:L4A-X0037A
(d)

图 2-34　故障线路长度对暂态过程的影响
（a）故障线路长 10km 时首端电流波形；（b）故障线路长 20km 时首端电流波形；
（c）故障线路长 30km 时首端电流波形；（d）故障线路长 40km 时首端电流波形

对比图 2-34 可知：当故障电阻不变时，线路长度越长，单相接地故障暂态过程电流幅值越小。

（4）混联线路单相接地故障仿真分析。

1）小电阻接地故障特征分析。在混联线路的配电系统中，当 A 相相位分别为 0°、30°、60°、90°、120°、180° 时发生单相接地故障，故障电阻设为 2Ω，得到故障后母线电压波形如图 2-35 所示。

从图 2-35 可以看出，当故障接地电阻很小时，故障相会经过很短的暂态过程很快降为 0，混联线路暂态过程比架空线路持续时间长，但不论 A 相

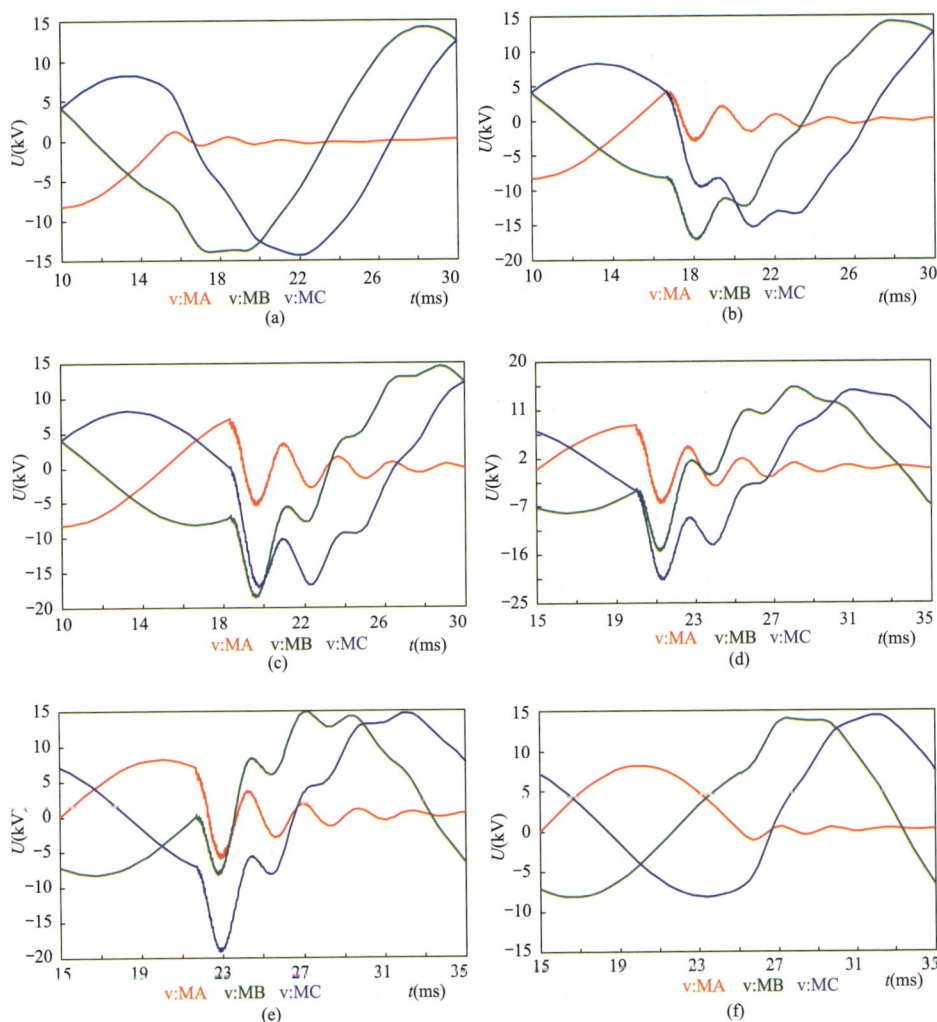

图 2-35　架空线路小电阻接地故障母线电压波形
(a) $\varphi=0°$；(b) $\varphi=30°$；(c) $\varphi=60°$；(d) $\varphi=90°$；(e) $\varphi=120°$；(f) $\varphi=180°$

发生故障时的相位如何，5ms内故障相电压幅值必定能降低到小于非故障相，可快速判断出故障相。

2）接地电阻对故障特征的影响分析。假设配电网中有架空线、电缆以及混联线路，仿真模型如图2-36所示，10kV配电系统由4条不同长度的线路组成，L1、L2分别为长度10、20km的架空线路，L3为10km电缆，L4为混联线路，由10km架空线和5km电缆混联。单相接地故障设置在L2中部位置，线路A相在0.02s时发生单相接地故障，此时A相电压达到最大值。

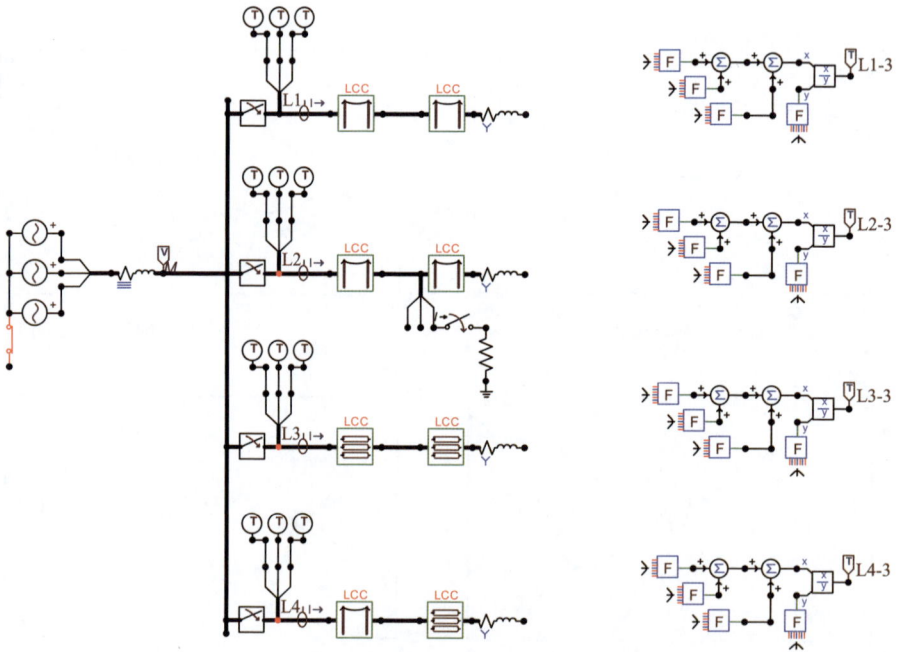

图2-36　混联线路单相接地故障仿真模型

a. 电压变化特征。计算中改变故障电阻 R_f 值，分析 R_f/X 值变化对母线三相电压的影响。根据仿真结果得到 R_f/X 值不同时母线电压稳态有效值，如表2-5所示。

根据表中数据作母线电压稳态有效值随 R_f/X 变化的曲线，如图2-37所示，三相电压的变化规律与架空线路类似，A相电压在 R_f/X 值接近3.0时升高超过B相电压，故障相前一相C相电压始终最大，若 R_f/X 值继续增大，最终三相电压将趋于相等。由于架空线路容抗 X 较小，R_f/X 值较容易达到很大值，故障电阻较大时难以判断出故障相。例如在该系统中故障电阻达到2200Ω时，三相电压差别不足20%，准确选相难以完成。

表 2-5	R_f/X 值不同时故障参量值		
R_f/X	母线电压稳态有效值（kV）		
	A	B	C
0.01	0.17	10.01	10.16
0.5	1.89	8.73	10.62
1.0	3.23	7.30	10.39
3.0	5.17	4.86	8.44
5.0	5.54	4.79	7.48
7.0	5.66	4.95	7.00
10.0	5.73	5.14	6.64
15.0	5.76	5.32	6.34

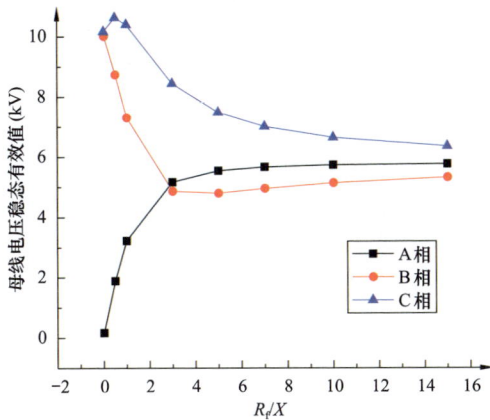

图 2-37　母线电压稳态有效值随 R_f/X 变化曲线

其中，故障过渡电阻为 10、500、1000、5000Ω 时，母线三相电压和中性点电压波形如图 2-38~图 2-41 所示。

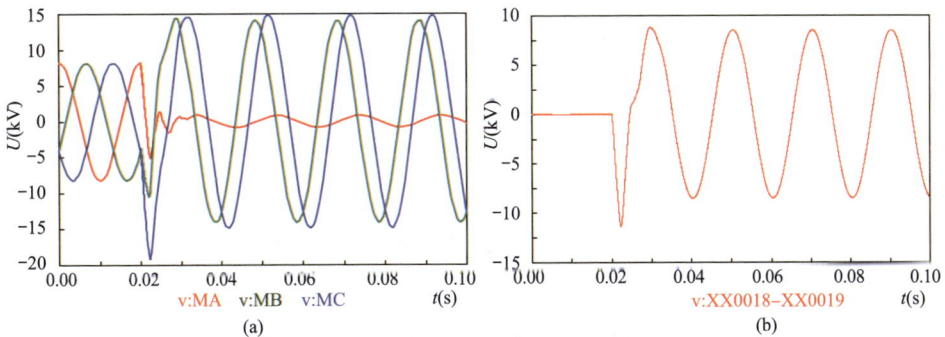

图 2-38　单相故障电阻为 10Ω 时电压波形
(a) 母线三相电压波形；(b) 中性点电压波形

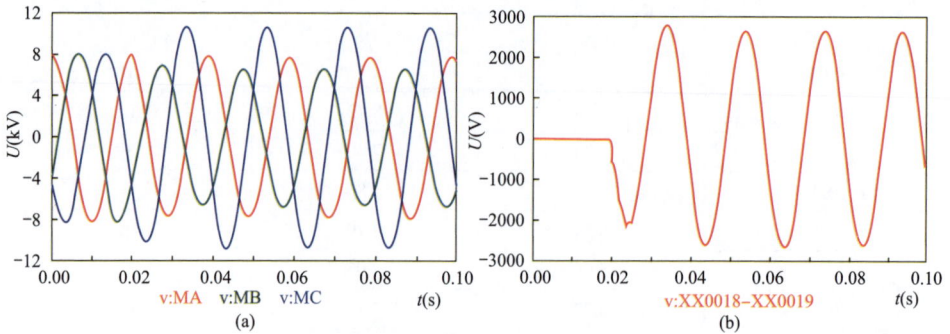

图 2-39 单相故障电阻为 500Ω 时电压波形

(a) 母线三相电压波形；(b) 中性点电压波形

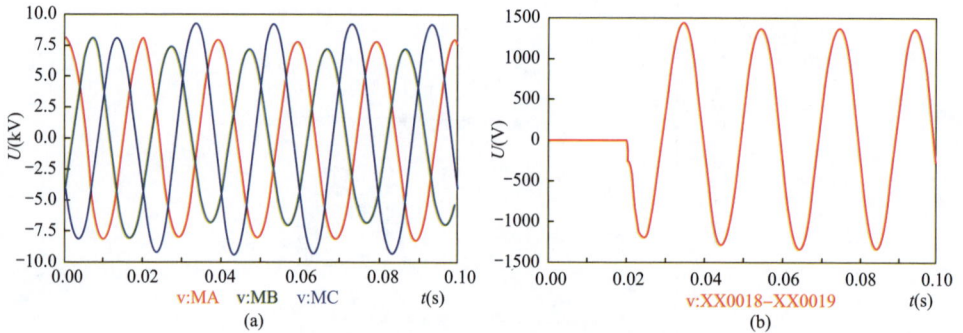

图 2-40 单相故障电阻为 1000Ω 时电压波形

(a) 母线三相电压波形；(b) 中性点电压波形

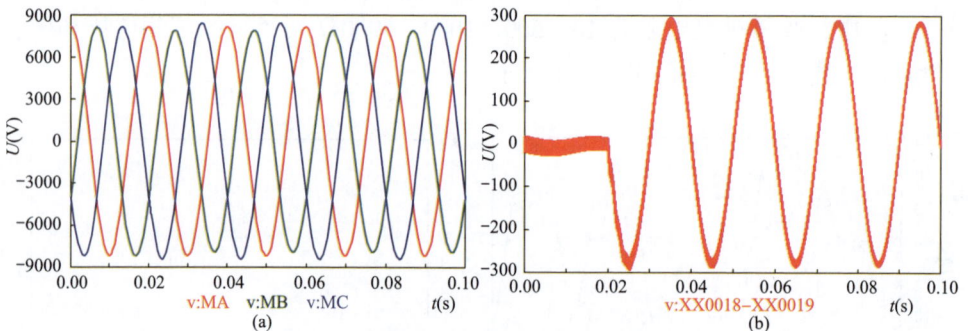

图 2-41 单相故障电阻为 5000Ω 时电压波形

(a) 母线三相电压波形；(b) 中性点电压波形

b. 电流变化特征。假设在架空线路 L4 的中间发生单相接地故障，根据计算结果得到单相故障电阻不同时电流的变化情况，如表 2-6 所示。

表 2-6　　　　　　　　　　单相故障电阻不同时电流变化情况

故障电阻（Ω）	接地电流（A）		线路首端电流（A）				线路首端零序电流（稳态有效值，A）	
	暂态幅值	稳态有效值	暂态幅值		稳态有效值		故障线路	非故障线路
			故障线路	非故障线路	故障线路	非故障线路		
10	153.4	35.4	171.1	54.7	39.1	22.7	11.63	7.61
500	17.3	10.9	38.1	24.9	24.9	16.5	3.57	2.33
1000	8.6	5.7	29.9	23.2	20.0	15.9	1.86	1.22
5000	1.6	1.1	22.7	21.7	15.5	15.3	0.38	0.25

由表 2-6 的结果可知：

（a）当配电系统中既有架空线路又有电缆线路时，由于电缆线路对地电容较大，当故障电阻较小时，稳态接地电流仍较大，但是相比于系统中只有电缆线路的情况小很多，因为电缆长度较短，此时故障线路和非故障线路稳态电流差异较大；但是稳态接地电流受故障电阻影响较大，当故障电阻很大时，稳态接地电流变得很小，故障线路与非故障线路的稳态电流差异很小。

（b）对于暂态过程，当故障电阻较小时，故障线路与非故障线路暂态过程差异较大，但是随着故障电阻增大，暂态接地电流减小，线路首端电流暂态过程差异逐渐缩小，当故障电阻非常大时，差异不明显。

（c）对故障线路与非故障线路零序电流进行分析可知，与架空线和电缆线路类似，虽然故障电阻的变化对稳态零序电流的幅值有影响，但是故障线路的零序电流方向始终与非故障线路相反，且幅值略大于非故障线路。

（d）随着故障电阻增大，故障相电压增大，故障相前一相电压始终最大。

故障线路和非故障线路电流波形如图 2-42~ 图 2-45 所示。其中 L2 为故障线路，L1、L3、L4 为非故障线路，以 L2 和 L3 为例对比非故障线路和故障线路的电流波形差异。

2.1.2.2　铁磁谐振故障特征分析

（1）仿真模型及参数设置。

1）变压器参数和线路参数。变压器参数和线路参数与单相接地故障相同。

2）电磁式电压互感器。采用 JDJZ-10 型电磁式电压互感器，额定电压 $10/\sqrt{3}$ /0.1/$\sqrt{3}$ /0.1/$\sqrt{3}$ kV。电压互感器励磁绕组的饱和特性是引起铁磁谐

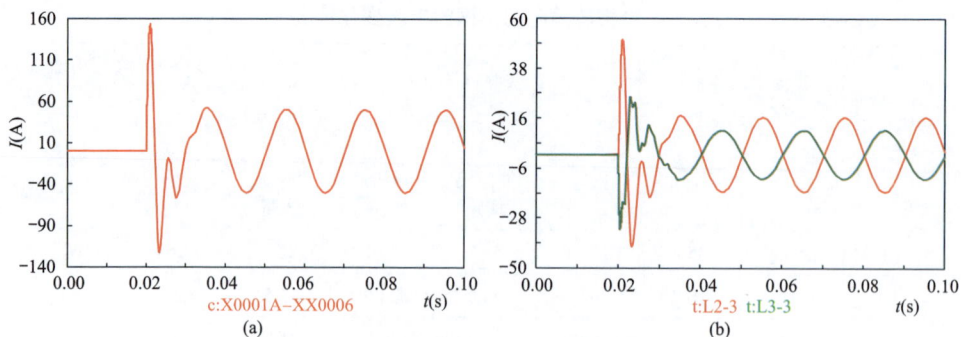

图2-42 单相故障电阻为10Ω时电流波形

(a) 故障电流波形；(b) 非故障线路与故障线路首端零序电流波形

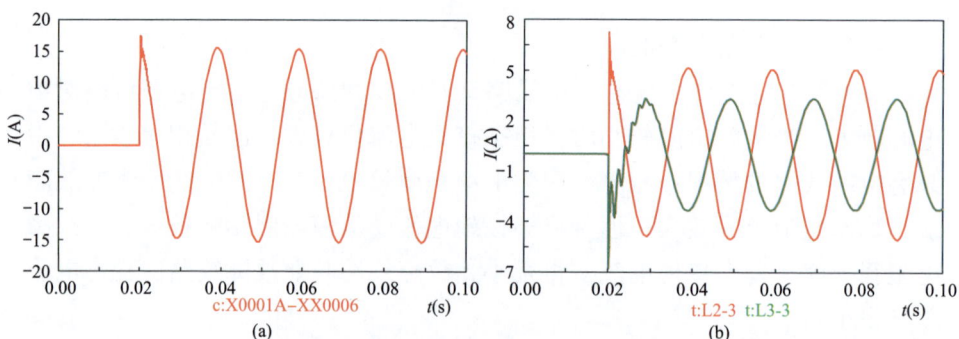

图2-43 单相故障电阻为500Ω时电流波形

(a) 故障电流波形；(b) 非故障线路与故障线路首端零序电流波形

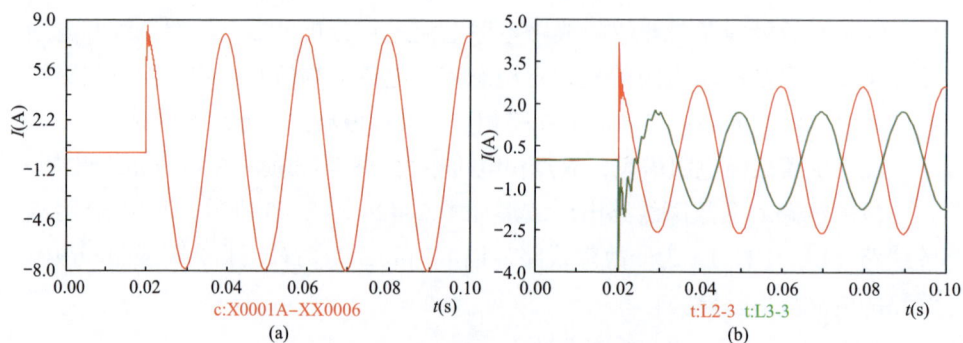

图2-44 单相故障电阻为1000Ω时电流波形

(a) 故障电流波形；(b) 非故障线路与故障线路首端零序电流波形

振的主要因素，根据实测参数可得 JDJZ-10 型电压互感器的励磁特性关系如表 2-7 所示。

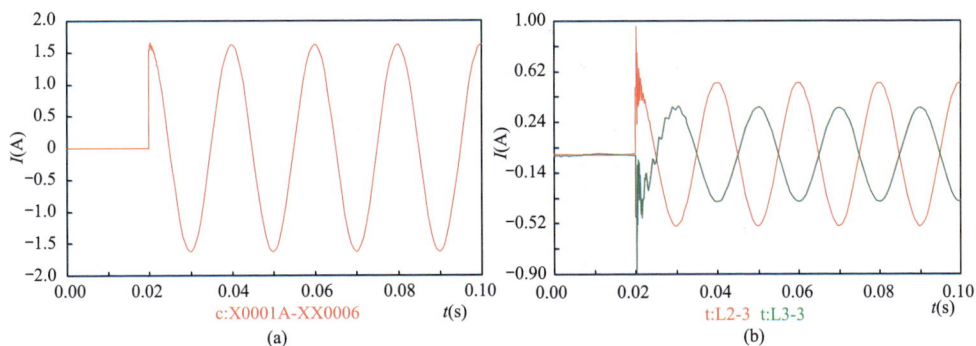

图 2-45　单相故障电阻为 5000Ω 时电流波形

(a) 故障电流波形；(b) 非故障线路与故障线路首端零序电流波形

表 2-7　　　　　　　　　JDJZ-10 型电压互感器 Ψ-I 曲线

I（mA）	0.1074	0.987	1.8382	2.5169	4.8783	7.1583	10.002	17.05
Ψ（Wb）	13.509	19.983	23.487	25.978	32.882	37.451	40.52	43.26

通过对 Ψ-I 数据进行拟合，形成图 2-46 所示的励磁曲线，可以看出，JDJZ-10 型电压互感器的励磁电感存在明显的饱和现象。

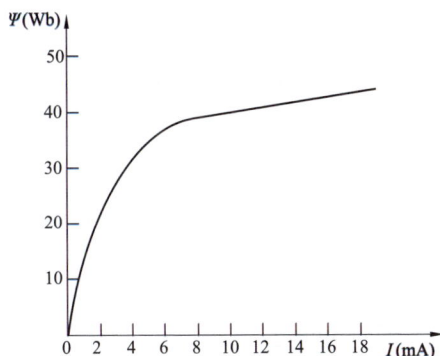

图 2-46　电压互感器励磁电感特性曲线

由于没有单独的电压互感器元件，考虑到电压互感器的非线性饱和特性，采用 3 个单相饱和变压器来模拟 3 个单独的电压互感器。根据经验值确定电压互感器一次侧和二次侧的漏抗：$R_p=1\Omega$，$L_p=1\text{mH}$。

电压互感器铁磁谐振有多种激发方式，现主要研究系统发生单相接地故障后，由于故障消除所激发的铁磁谐振现象。设置 A 相为故障相，在 0.166s 时发生接地故障，0.266s 时故障消失，仿真模型如图 2-47 所示。

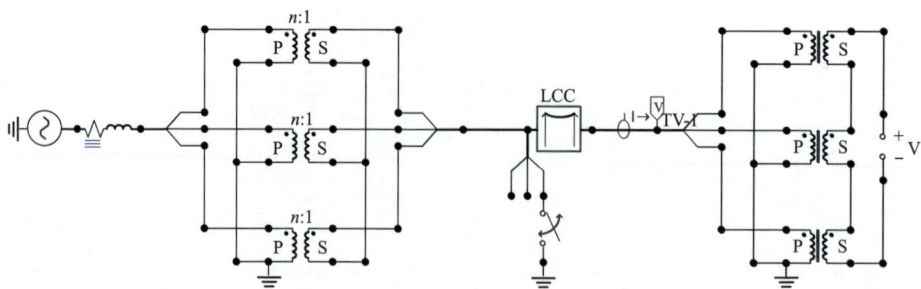

图 2-47　电压互感器铁磁谐振仿真模型

（2）单相接地故障消除激发高频谐振仿真分析。线路长度为 0.1km 时，仿真结果如图 2-48 所示。由图可知，系统发生高频谐振，三相电压幅值均有

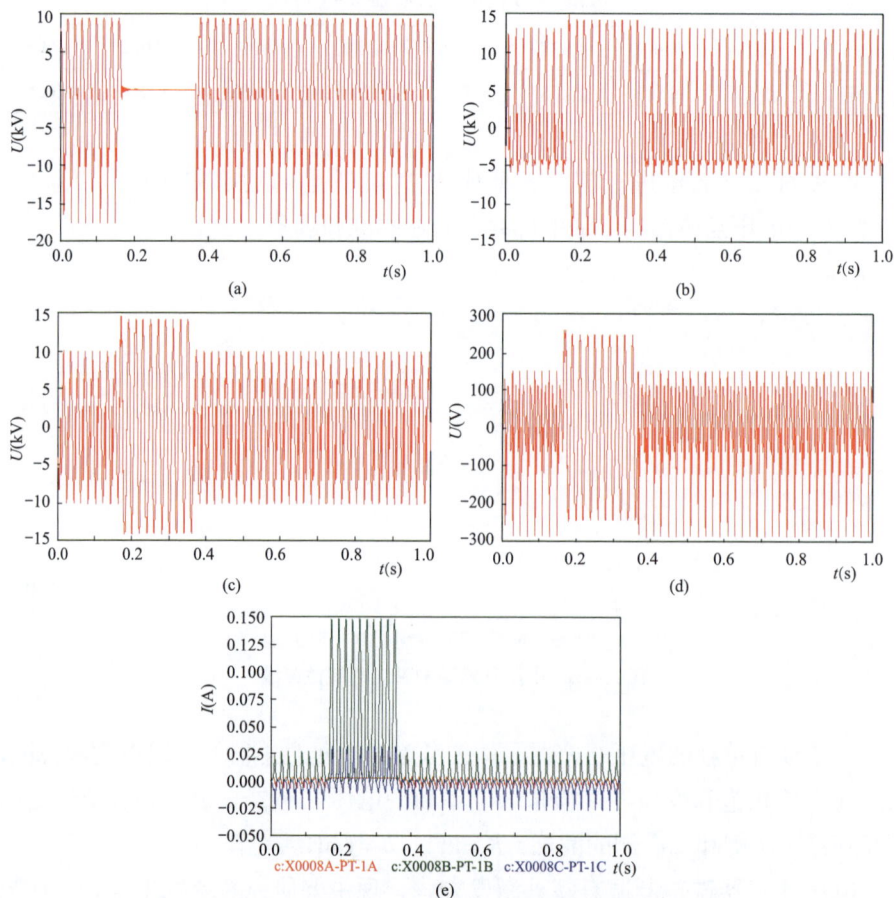

图 2-48　单相接地故障消失激发高频谐振仿真结果

(a) 电压互感器一次侧 A 相电压；(b) 电压互感器一次侧 B 相电压；(c) 电压互感器一次侧 C 相电压；
(d) 开口三角形电压；(e) 电压互感器一次侧三相电流

所升高，故障相过电压幅值比非故障相略小。由于配电网系统中线路长度一般不会只有 0.1km，因此高频谐振对系统的威胁并不大。

（3）单相接地故障消除激发基频谐振仿真分析。线路长度为 1km 时，仿真结果如图 2-49 所示。由图可知，系统发生基频谐振，A、B 相过电压幅值有明显增大，C 相电压幅值很小，出现两相电压升高，一相电压降低的现象。

（4）单相接地故障消除激发分频谐振仿真分析。线路长度为 10km 时，仿真结果如图 2-50 所示。由图可知，系统发生分频谐振，三相过电压幅值均有明显增大，过电压幅值最高可达额定电压幅值的 2.5 倍，且一次侧额定电流幅值明显增大，对设备绝缘威胁更大。

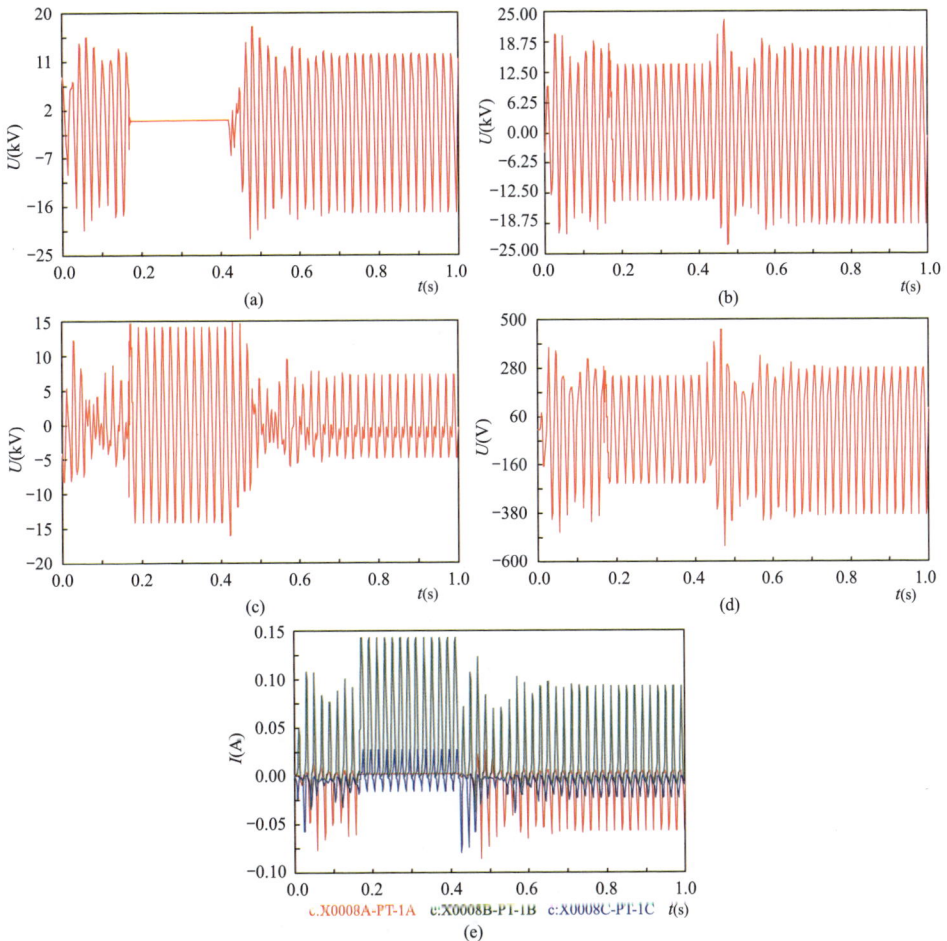

图 2-49　单相接地故障消失激发基频谐振仿真结果
(a) 电压互感器一次侧 A 相电压；(b) 电压互感器一次侧 B 相电压；(c) 电压互感器一次侧 C 相电压；
(d) 开口三角形电压；(e) 电压互感器一次侧三相电流

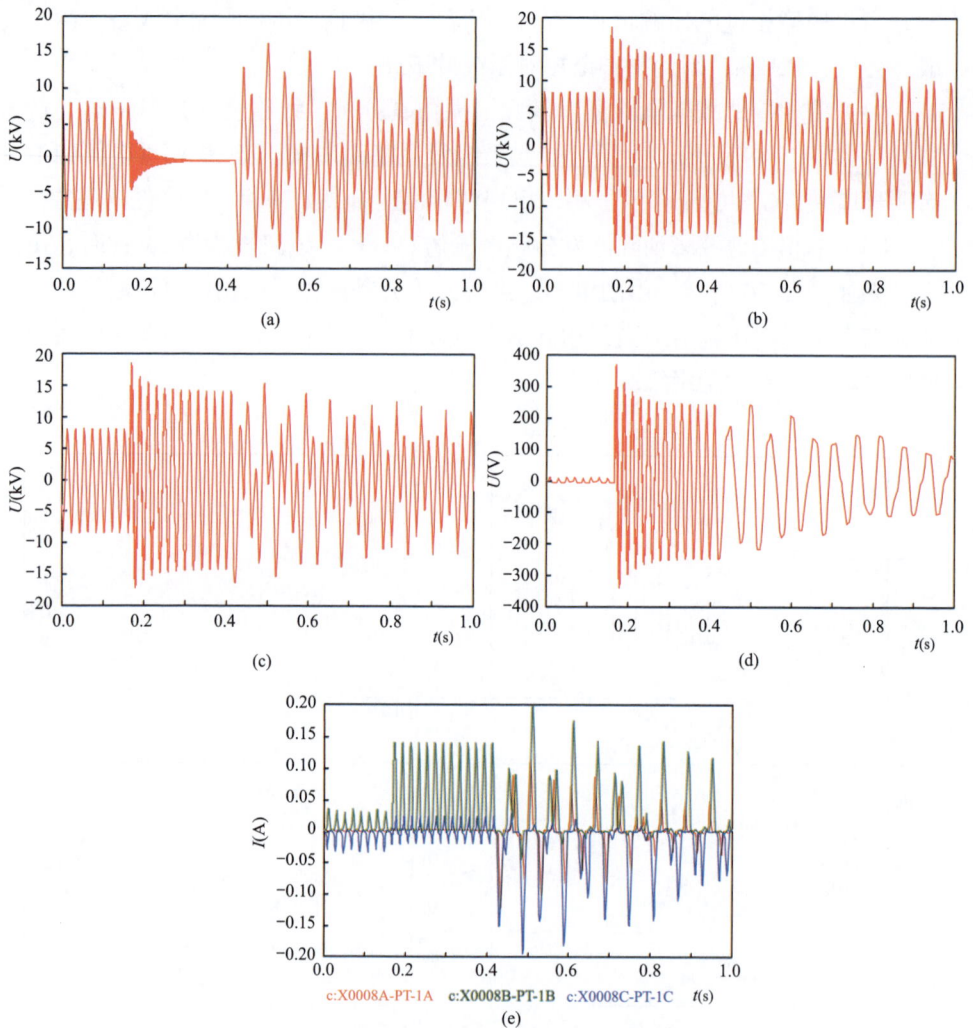

图 2-50 单相接地故障消失激发分频谐振仿真结果

(a) 电压互感器一次侧 A 相电压；(b) 电压互感器一次侧 B 相电压；(c) 电压互感器一次侧 C 相电压；
(d) 开口三角形电压；(e) 电压互感器一次侧三相电流

　　随着输电线路长度的增加，X_C/X_L 比值逐渐减小，电网依次发生高频谐振、基频谐振、分频谐振。分频谐振参数范围广，且符合一般 10kV 系统输电线路距离，是中性点不接地系统中最常见的谐振形式。

2.1.2.3　线路断线故障特征分析

　　在电力系统实际运行中，线路的断线故障发生概率很小，且断线故障不产生故障大电流，对输变电设备危害小，在电网运行与维护中受重视程度远不如短路故障。故障发生时，只能通过人工判断而进行相应的处理，这样很不利于电网的安全运行。在电力系统发生的断线故障中，单相断线发生的概率相对较大，本节主要研究发生单相断线故障时，对不接地系统和经消弧线圈接地系统故障相和非故障相电流电压进行仿真研究。

（1）仿真模型及参数设置。配电网络、电源、变压器、负载及线路参数与 2.1.2.2 中设置相同，将线路 C 相断开模拟单相断线故障。

（2）不接地系统线路断线故障仿真分析。在 ATP 中设置线路 C 相于 0.02s 时发生断线，进行仿真，结果如图 2-51 所示。

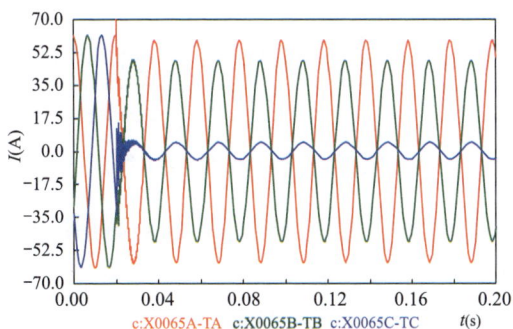

图 2-51　不接地系统 C 相断线电流

由图 2-51 可以看出，当 C 相故障发生时该相电流迅速减小到 0 左右，故障后非故障相电流值略有降低。因此可以从相电流数值变化量的大小判断断线故障发生在具体的某一相或多相。

（3）经消弧线圈接地系统线路断线故障仿真分析。在 EMTP/ATP 中设置线路 C 相于 0.02s 时发生断线，进行仿真，结果如图 2-52 所示。

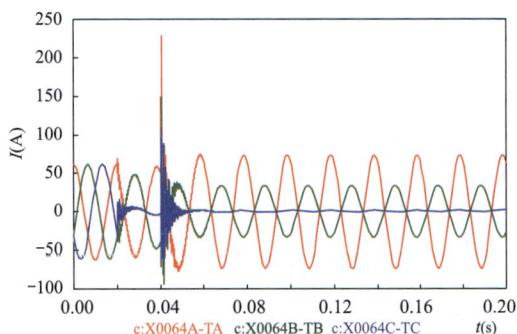

图 2-52　经消弧线圈接地系统 C 相断线电流

消弧线圈接地系统过补偿的情况下单相断线时会产生虚幻接地现象，通过以上电压波形分析，可知消弧线圈接地系统单相断线特征为：

a. 220kV 变电站 66kV 母线电压与单相接地时特征相似，一相电压降低，两相电压升高。

b. 断线点负荷侧变电站 10kV 电压异常。两相电压降低，一相电压接近正常；而单相接地时 66kV 变电站 10kV 母线电压无异常。

c. 断线点电源侧变电站 10kV 母线电压基本正常，断线点负荷侧变电站 10kV 母线电压异常。

2.2 电缆、架空及混联线路下故障类型判别方法

2.2.1 金属性接地及低阻抗接地故障判别方法

利用快速开关消除配电网弧光接地故障的前提是将单相接地故障从可能出现的其他故障和扰动中区分开来，而为了提高装置消弧速度，必须尽可能缩短故障判别所用的时间。当发生单相接地故障时，系统中性点会发生偏移，产生零序电压，直接反映到电压互感器二次侧开口三角电压升高，即可通过电压互感器开口三角电压超过阈值来判断发生接地故障。对于 10kV 配电系统，一般电压互感器开口三角的电压标准值会设定在中性点电压达到相电压时显示为100V。为了躲过系统不平衡电压的影响，电压互感器开口三角电压的阈值可根据实际配电网的情况设定，一般可设置判定单相接地故障的标准是开口三角电压超过 15V，即阈值为 15V，对应的中性点电压为 0.87kV，只要中性点电压升高使电压互感器开口三角电压值越限，即判断系统发生单相接地故障。

利用电压互感器开口三角电压越限判定发生单相接地故障的方法省去了特征量的提取和计算过程，提高故障判别的速动性，但是该方法忽略了电压互感器铁磁谐振和电压互感器断线故障对电压互感器开口三角电压信号的影响，下面分析快速开关型消弧装置对于高阻接地故障、电压互感器铁磁谐振、电压互感器断线故障的处理方案及其对装置可靠性的影响。

2.2.2 高阻接地故障判别方法

为了躲过系统正常运行时的三相不平衡电压，在单相接地故障判别时，电压互感器开口三角阈值设为 15V，对应的中性点电压为 0.87kV；但是当接地故障过渡电阻很大时，三相电压变化不明显，中性点电压可能会低于阈值，

即系统无法通过电压互感器开口三角电压越限来判断出单相接地故障，这种情况就是系统发生高阻接地故障。

以简单配电网络为例，如图 2-53 所示，共 5 条馈线。

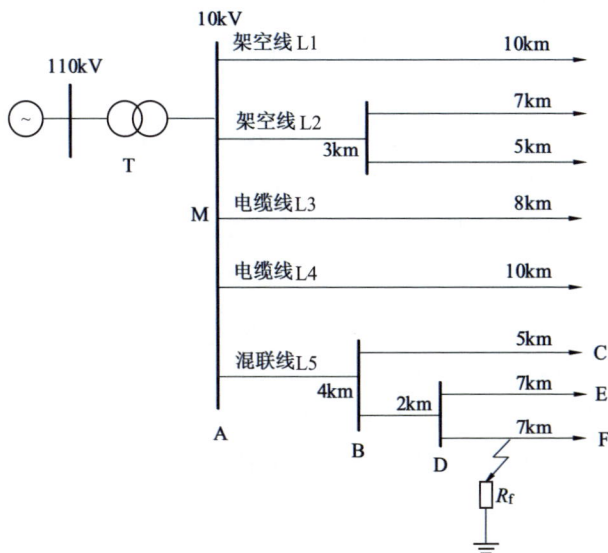

图 2-53　辐射状配电网络

注：图中各条馈线中，细线表示架空线路，粗线表示电缆线路。

2.2.2.1　单相接地故障临界高阻值

根据理论分析，对于不同的系统，系统容抗大小不同，高阻接地故障对应的临界接地过渡电阻也就不同。在典型配电网络中，通过改变馈线数目和长度来改变系统对地容抗，然后计算不同的系统在发生单相接地故障时，当中性点电压升高低于 0.87kV 的临界接地过渡电阻值，不同的系统容抗则通过接地电容电流的大小来反映，得到高阻接地故障临界过渡电阻值与接地电容电流的关系如表 2-8 所示。

表 2-8　　　　高阻接地故障临界过渡电阻值与系统电容电流关系

系统电容电流（A）	10	50	100	150	200
临界过渡电阻（Ω）	4100	850	428	285	218

根据表 2-8 可得，不同的系统高阻接地故障临界过渡电阻值差异较大，城市配电网由于电缆线路较多，系统对地电容电流一般在 100A 以上，几百欧姆的接地过渡电阻对于系统来说已经是高阻接地故障，不能通过电压互感器开口三角电压信号来判断。而实际线路上发生过渡电阻为几百欧姆的单相接地故障的概率相

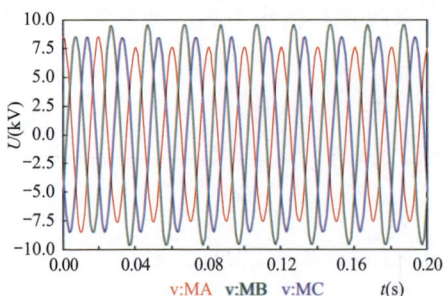

图 2-54 高阻接地故障三相电压波形

对较高,所以在采用快速开关型消弧装置的配电网中,必须采取其他措施来判断高阻接地故障。

图 2-54 为典型配电网在故障过渡电阻为 500Ω 时,计算得到的三相电压波形。该配电网的电容电流为 100A,从图中可以看到三相电压幅值相差很小,而且几乎没有暂态过渡过程,故障 C 相电压略大于非故障 A 相电压,但低于非故障 B 相电压。

2.2.2.2 高阻接地故障下不稳定燃弧电压特征分析

高阻接地故障有可能伴随着故障电弧的不稳定燃弧,现设置不同的燃弧时间进行仿真计算,得到电压互感器开口三角电压波形如图 2-55 所示。

由表 2-9 可以看出,故障发生后 20ms 内,中性点电压工频分量幅值随着燃弧时间增加而增加;在发生高阻单相接地故障时,即使有燃弧,故障判别依然困难。

表 2-9　　　故障发生后 20ms 内中性点电压工频分量及直流分量幅值

项目	无故障	高阻故障	燃弧时间 0.01ms	燃弧时间 0.1ms	燃弧时间 0.5ms	燃弧时间 1.0ms	燃弧时间 10.0ms
工频分量幅值（A）	0.976	357.8	360.0	380.9	480.4	721.1	4443
直流分量（A）	-0.764	348.1	375.0	622.1	1593	3496	551.3

2.2.2.3 高阻接地故障下零序电流特征分析

现计算系统发生单相高阻接地故障时各线路上零序电流的变化情况。故障点设置在线路 L5 的 DF 段中部,故障过渡电阻为 500Ω。根据前面的计算,该过渡电阻值已超过高阻接地故障的临界过渡电阻值 428Ω,中性点电压将低于阈值,电压互感器开口三角电压不会越限。计算得到的高阻接地故障情况下线路上零序电流波形如图 2-56 所示,各条线路首端零序电流暂态幅值和稳态有效值如表 2-10 所示。

表 2-10　　　　　　高阻接地故障时各条线路零序电流值

线路	L1	L2	L3	L4	L5				
					首端	BC段	BD段	DE段	DF段
暂态幅值（A）	0.19	0.28	2.84	3.84	8.65	4.62	9.24	0.65	7.48
稳态有效值（A）	0.01	0.02	0.78	0.97	3.04	0.48	3.92	0.01	4.12

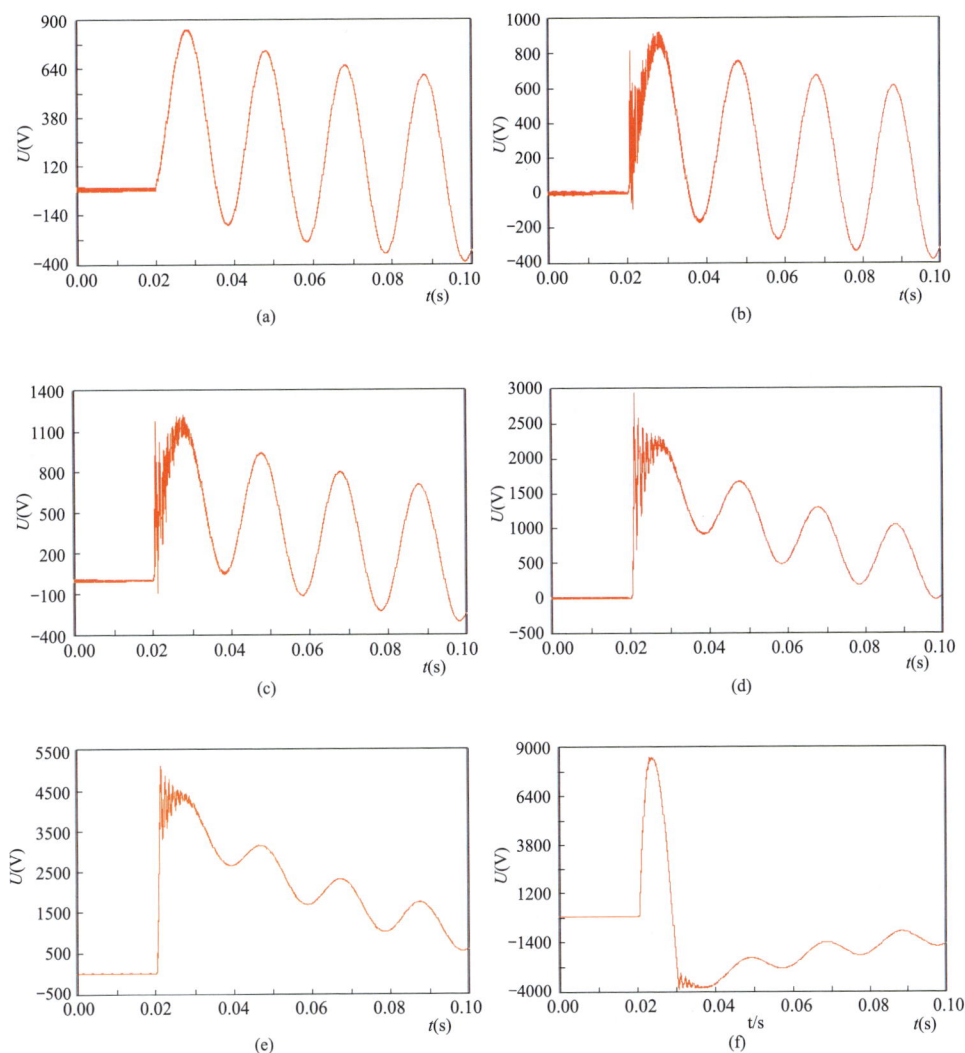

图 2-55 电压互感器开口三角电压波形图

(a) 1000Ω 下不燃弧；(b) 燃弧时间 0.01ms；(c) 燃弧时间 0.1ms；(d) 燃弧时间 0.5ms；
(e) 燃弧时间 1.0ms；(f) 燃弧时间 10.0ms

图 2-56（a）和图 2-56（b）中非故障线路 L1~L4 在故障发生时刻零序电流均发生了较大突变，其中 L1 和 L2 为架空线路，所以零序电流很小，幅值的突变量也较小；而 L3 和 L4 为电缆线路，零序电流幅值较大，突变量也较大，稳定后稳态零序电流也较大。图 2-56（c）中分别为故障线路的 AB 段、BD 段和 DF 段首端零序电流波形，幅值的突变非常明显，暂态过程零序电流幅值最大值达到 9.24A；而且距离故障点越近，零序电流越大，DF 段首端零序电流最大。

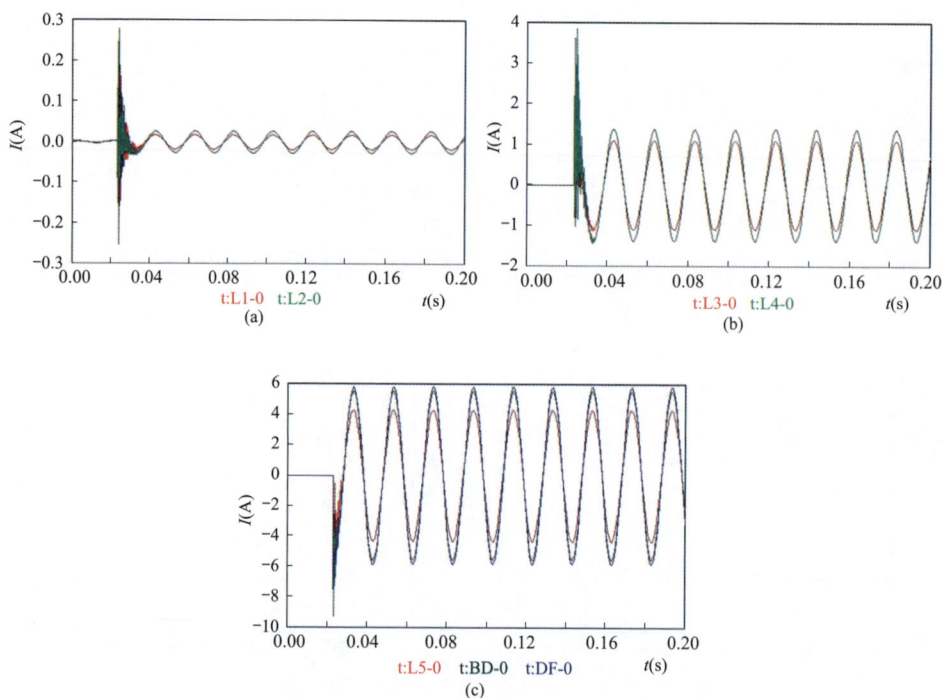

图 2-56 高阻接地故障零序电流波形
(a) 非故障线路 L1 和 L2 零序电流波形；(b) 非故障线路 L3 和 L4 零序电流波形；
(c) 故障线路 L5 各测点零序电流波形

2.2.2.4 高阻接地故障判别方法

配电网中的架空线路由于受环境因素影响，其上时常会发生一些过渡电阻较大的接地故障，例如线路对附近的树枝、竹子放电，鸟类误接触，断线导致线路接触地面或者树木等情况。此时三相电压变化不明显，可能电压互感器开口三角两端电压并不会越限，系统无法据此来判断出接地故障。虽然高阻接地故障时系统电压、电流不会有明显影响，但是它对系统的危害仍然存在：①城市配电网很有可能出现架空线路、电缆线路和混联线路同时存在的情况，若架空线路上发生高阻接地故障，系统无法检测，故障长时间存在，故障电流会对故障点造成持续性的破坏；②若在故障过程中有人接近故障点，就会有接触高电压的危险，威胁人身安全；③若是电弧性的高阻故障，还有可能在故障点引发火灾。因此，针对高阻接地故障需要有专门的检测方法，不能让其长时间存在，威胁系统和人身财产安全。

根据中性点不接地系统单相接地故障电压变化特征，系统对地容抗 X 越小，通过电压互感器开口三角电压能够判别的故障过渡电阻最大值越小。

对于电缆线路较多的城市配电网，容抗较小，可能较小的过渡电阻，例如500Ω，故障后电压互感器开口三角电压小于阈值，对于系统来说已经是高阻接地了，系统就无法通过电压互感器信号快速判别故障的发生。

安装快速开关型消弧装置的系统如果需要判别高阻接地故障，必须与系统内其他的测量和保护装置配合。通常情况下，系统测量的零序电流信号一般用于配电网故障选线和定位。但是若适当改变数据处理的方案，同样可用于高阻故障的判别，与快速开关型消弧装置配合完成高阻故障的处理。

正常运行情况下，各条线路上的零序电流仅是负荷和线路不平衡产生的，幅值一般不会很大，而且即使负荷波动导致线路零序电流变化，也只是负荷变化的线路上零序电流出现变化，其他线路上不会有较大影响。但是当线路某一点发生单相接地故障时，各条线路首端的零序电流必然都会有一个突变，特别是故障线路首端的零序电流，会由系统不平衡电流突变为所有健全线路对地电容电流之和。根据这一特征，可制订中性点不接地系统高阻接地故障判别方案如下：对于各条馈线和各条分支线路均安装了零序电流检测装置的配电网络，站内控制器时刻监测各条线路首端的零序电流信号，若某一时刻所有线路首端检测到的零序电流均发生突变，即可判定系统发生单相接地故障。由于该方法需要对各条线路上零序电流信号进行综合分析处理，且有的分支线路距离较远，还需要考虑通信时间，因此判别的时间相对电压互感器开口三角电压越限的时间较长，不适合用于小电阻接地故障的判别，但是对于高阻接地故障的判别还是非常有效的，可应用于快速开关型消弧技术中与电压互感器开口三角电压信号判断共同组成故障判别模块。

2.2.3 消除电压互感器铁磁谐振故障方案及仿真验证

2.2.3.1 消除电压互感器铁磁谐振故障方案

在中性点不接地的配电网中，电压互感器铁磁谐振大多是因为暂时性单相接地故障消失或者单相接地故障发展成相间故障。而对于采用了快速开关型消弧装置的配电网，发生单相接地故障后装置会动作转移线路上的故障，不会发生单相接地故障发展成相间故障的情况，而且暂时性接地故障消失后，系统故障相仍然保持金属性接地，不会对电压互感器造成影响。因此，传统配电网中发生概率较大的激发电压互感器铁磁谐振的条件均不存在，在故障判别时忽略电压互感器铁磁谐振对其开口三角电压的影响不会对故障判别准确率造成大的影响，但是可以减少另设判别模块所需的时间，即提高故障判别的速动性。

虽然暂时性单相接地故障消失的激发条件不存在，但是对于安装快速开关型消弧装置的配电网，在开关合闸转移故障，使弧光接地故障消除后，需要分闸以恢复系统正常运行，开关分闸的过程相当于金属性接地故障消除，很容易激发产生电压互感器铁磁谐振，由于电压互感器铁磁谐振持续时间长，过电流幅值高，极容易导致电压互感器熔断器烧毁。所以，快速开关型消弧技术在故障判别时可以忽略电压互感器铁磁谐振的影响，但是必须对配电网电压互感器铁磁谐振采取消除措施，以避免开关动作分闸时激发产生的谐振过电压和过电流对系统造成危害。

消除谐振故障的方法是破坏其谐振条件，可利用电阻的阻尼作用，在电压互感器中性点串入电阻可达到消除电压互感器铁磁谐振的目的。理想情况下，中性点电阻在正常运行时阻值为零，对电压互感器的测量精度没有影响；当谐振发生时，电阻值趋于无穷大，相当于电压互感器一次侧中性点不接地，即破坏了谐振回路。

PTC 材料是一类具有正温度系数的热敏电阻材料，很多类型的导电聚合物会呈现出这种热敏特性，在一定的转变温度（居里温度点）下发生相变，其电阻率迅速增加至极限值（可增大 3~7 个数量级），发生半导体和绝缘体的相互转变；反之，当 PTC 材料从高温的环境降至常温时，其阻值也会随之下降到低阻状态。图 2-57 为 PTC 材料的电阻—温度特性曲线。

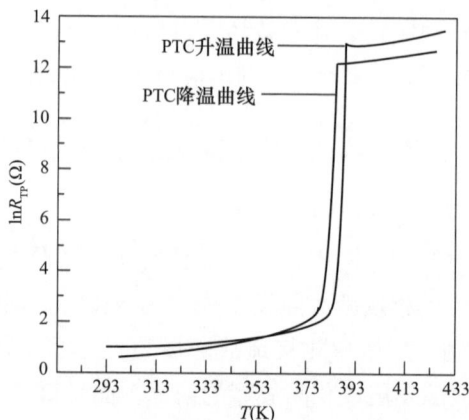

图 2-57　PTC 材料的电阻—温度特性曲线

利用 PTC 材料制成的热敏电阻消谐器具有优良的正温度系数，将热敏电阻消谐器串联安装在电压互感器一次绕组中性点与地之间，如图 2-58 所示。在正常运行情况下，电压互感器器一次侧电压三相平衡，中性点没有位移电

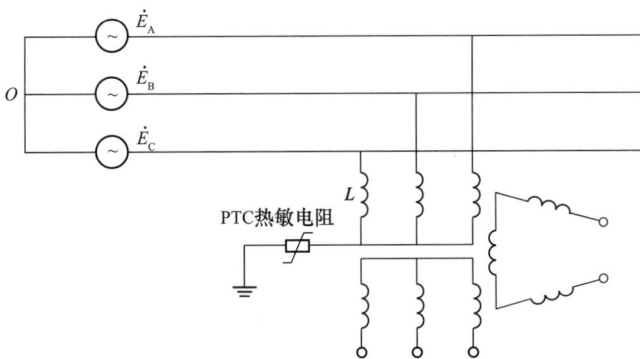

图 2-58 PTC 热敏电阻消谐器接线示意图

压，PTC 热敏电阻在低温下呈现低电阻，电压互感器正常运行。当一次绕组励磁电流增加，电压互感器铁芯饱和时，中性点出现位移电压，导致中性点流过较大电流，PTC 热敏电阻温度升高，电阻随温度变化迅速增大，能够较好地发挥出阻尼作用。而且谐振能量越大，PTC 的消谐时间越短。因此，采用 PTC 材料作为阻尼元件，谐振过电压的幅值越大，消谐速度越快，对设备的绝缘越有利，是一种比较理想的消谐用阻尼电阻。

部分配电系统中电压互感器已采用 PTC 热敏电阻消谐器，相关现场运行经验表明：

（1）消谐器串联安装在电压互感器中性点与地之间，正常运行状态下电阻为 40kΩ，而电压互感器一次绕组的阻抗则为兆欧级，因此不会对电压互感器的各项性能产生影响，同时也未明显改变系统的各项参数。

（2）消谐器能够实现连续快速消谐，消谐时间短，对于电气设备绝缘极为有利。

（3）在 3.5 倍工频过电压作用下，限流消谐器能够将电压互感器励磁电流限制在 100mA 以下，不会因电压互感器一次侧熔断器熔断，导致不能熄弧引发的母线短路事故。

在快速开关型消弧装置内置的电压互感器一次侧中性点安装 PTC 热敏电阻消谐器，可以有效消除快速开关分闸时激发产生的电压互感器铁磁谐振，在防止谐振对系统造成危害的同时避免了"虚幻接地"信号对接地故障判别的影响。若电压互感器铁磁谐振不及时消除，快速开关分闸后电压互感器开口三角电压未能恢复正常，装置会认为系统发生了永久性接地故障，而再次启动快速开关合闸，导致误动作。所以，快速开关型消弧装置内电压互感器中性点安装热敏电阻消谐器是非常必要的。

2.2.3.2 消谐方案仿真验证

对电压互感器一次侧中性点经热敏电阻接地的消谐方式，铁磁谐振发生后中性点电阻会很快升高，相当于正常运行时电压互感器中性点经 40kΩ 电阻接地，发生铁磁谐振后在中性点随即投入阻值非常大的电阻，在模型中设置 $t=0.1s$ 时投入阻值为 4000kΩ 的电阻，得到各特征量的波形如图 2-59 所示。

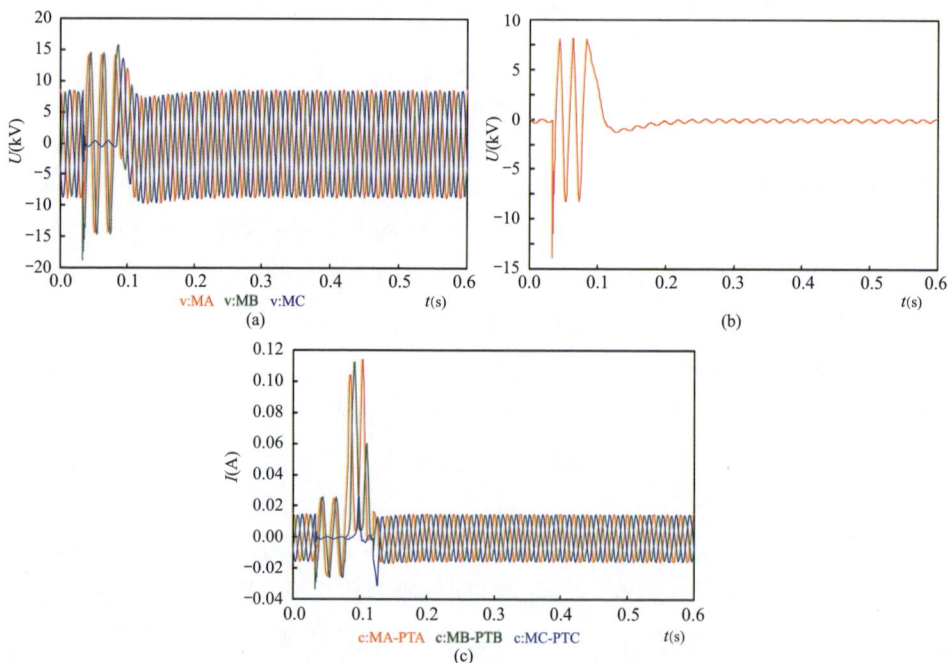

图 2-59   消除电压互感器铁磁谐振特征量波形

(a) 母线三相电压波形；(b) 电压互感器开口三角电压波形；(c) 电压互感器三相电流波形

电压互感器一次侧中性点投入大电阻后，大约 50ms 后系统母线三相电压接近正常，开口三角电压和流过电压互感器的三相电流逐渐趋于正常运行情况，即说明中性点串接的热敏电阻消谐器对电压互感器铁磁谐振有良好的抑制效果，且消谐时间短，能够有效防止电压互感器一次侧熔断器熔断，同时防止电压互感器铁磁谐振对单相接地故障的判别造成干扰。

2.2.4   电压互感器断线故障判别方法

由于电压互感器断线故障也可能使二次侧开口三角两端电压不为零，会对单相接地故障的判别造成影响，因此一般配电网需要额外采取措施对电压互感器断线故障进行区分，例如同时检测电压量和电流量、利用负序电压等判别方法，但是这些方法都在一定程度上存在缺陷，而且会导致判别时间增加。

电压互感器一次侧不对称断线一般均是某一相或两相饱和引起的励磁电流过大造成的，而快速开关型消弧技术中采用 PTC 热敏电阻消除铁磁谐振的同时对其他原因导致的励磁电流过大的情况也能够很好的解决，即电压互感器中性点采用 PTC 热敏电阻接地后电压互感器不对称断线故障发生的概率非常低，通过现场调研发现，利用 PTC 热敏电阻代替中性点直接接地方式后，电压互感器故障率大大减少，一些配电站在改造后很长一段时间能实现电压互感器零断线故障。基于以上情况，快速开关型消弧技术中将不专门针对电压互感器断线故障设置判别方法，这样将进一步缩短单相接地故障判别所需的时间，即只要电压互感器开口三角两端电压超过阈值，即认定系统发生单相接地故障，直接启动故障选相程序，进行后续处理流程。

综上，在故障判别过程中忽略电压互感器铁磁谐振和电压互感器断线故障对单相接地故障信号的影响并不会对装置故障判别的准确性造成大的影响，但是却能大幅度提高装置的动作速度。即使出现误判的情况，在系统发生电压互感器铁磁谐振或者电压互感器断线故障时，装置认为系统发生单相接地故障，快速开关动作将某一相母线金属性接地，对系统的安全运行并不会造成影响，而且通过电压互感器指针的情况和系统电流特征，装置能够很快判断出并非单相接地故障，再控制开关分闸，系统随即就能恢复正常运行，配电系统的供电可靠性不会被影响。

2.3   快速开关消弧消谐装置的故障判别策略

基于快速开关的消弧消谐装置是以弧隙恢复抗电强度理论为基础，将故障相弧光接地转换为金属性接地的电压型消弧方式。基于对配电网中各种故障类型的理论分析基础上，根据单相接地故障判别方案，制定快速开关型消弧装置中故障类型判别子程序流程图如图 2-60 所示。

系统实时监测电磁式电压互感器二次侧三相电压、开口三角电压以及各馈线和分支线路首端零序电流，对开口三角电压设定一个阈值（15V），该阈值一般需要躲过三相不平衡电压，只要其上电压升高超过阈值即判断系统发生故障，若没有出现负序电压，即判断系统发生金属性或低阻接地故障；若三相电压中有一相电压低于 10V，则判断为金属性故障，否则为低阻接地故障。

若零序电压没有越限，实时监测线路的零序电流，若所有线路零序电流在同一时刻发生突变，则判断为高阻接地故障；若仅有个别线路上零序电流突变则认为是系统负荷不平衡等其他原因导致的零序电流突变，系统仅发出信号，继续恢复监测状态。

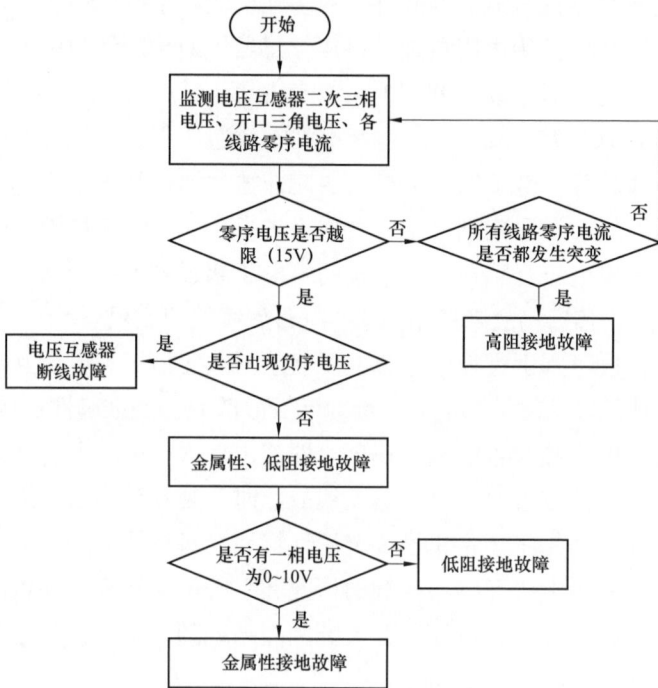

图 2-60 故障类型判别子程序流程

3

基于快速开关消弧消谐技术的
单相接地故障选线及定位方法

对于安装快速开关消弧装置的配电网，通过母线快速开关的动作，暂时性接地故障可以被可靠消除，但是永久性接地故障以及电缆线路上的接地故障，母线快速开关分闸后故障会再次发生，因此需要工作人员进行处理。对配电网中单相接地故障进行定位可以大幅度提高故障处理的迅速性和准确性，精确的配电网故障定位技术，对于加快故障处理和供电恢复速度，减少因故障造成的停电损失，具有重要的现实意义。但是现阶段配电网故障定位问题仍处于探索阶段。

3.1 基于快速开关型消弧装置的故障选相方法

当采用快速开关型消弧消谐装置时，主要利用单相接地故障后三相电压的变化来进行故障的识别，但由于故障情况不同，需要制定不同的选相方法。

3.1.1 不同过渡电阻下故障相特征分析

故障后三相电压与故障过渡电阻关系不同，因此选相时需要讨论不同故障条件下二者之间变化规律。

3.1.1.1 仿真模型及参数设置

以简单配电网络为例，如图 3-1 所示，共 5 条馈线，系统中元件参数设置与 2.1.2.1 中相同。

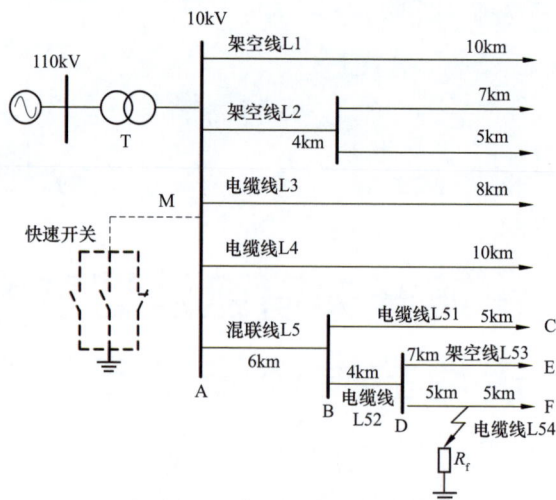

图 3-1　辐射状配电网络

T—变压器；M—10kV 母线；R_f—等效接地电阻
注：图中各条馈线中，细线表示架空线路，粗线表示电缆线路。

3.1.1.2　不同过渡电阻下故障相特征参数

进行故障选相的依据主要是系统三相电压的大小，以图 3-1 所示的典型中性点不接地系统发生稳定接地故障为例，研究接地故障过渡电阻不同时三相电压的变化情况，故障点设置在线路 L1 的末端，故障过渡电阻不同时各特征参数变化情况如表 3-1 所示。表中 $\dot{U}_A'$、$\dot{U}_B'$、$\dot{U}_C'$ 分别为故障后三相电压稳态有效值，$\dot{U}_0'$ 为故障后中性点稳态有效值，$\dot{I}_{jd}$ 为故障点接地电流稳态有效值。

表 3-1　　　　　　　故障过渡电阻不同时特征参数变化情况

故障过渡电阻（Ω）	$\dot{U}_A'$（kV）	$\dot{U}_B'$（kV）	$\dot{U}_C'$（kV）	$\dot{U}_0'$（kV）	$\dot{I}_{jd}$（A）
	9.67 $\angle 58°$	10.21 $\angle -3°$	0.50 $\angle 65°$	5.70 $\angle 25°$	100.00 $\angle 115°$
5					

故障过渡电阻（Ω）	$\dot{U}'_A$（kV）	$\dot{U}'_B$（kV）	$\dot{U}'_C$（kV）	$\dot{U}'_0$（kV）	$\dot{I}_{jd}$（A）
20	8.03 $\angle 50°$	10.46 $\angle -14°$	2.50 $\angle -86°$	5.14 $\angle 4°$	92.27 $\angle 94°$
40	6.51 $\angle 49°$	10.00 $\angle -22°$	3.77 $\angle -110°$	4.32 $\angle -11°$	79.35 $\angle 79°$
100	4.80 $\angle 64°$	8.29 $\angle -31°$	5.19 $\angle -125°$	2.53 $\angle -35°$	48.07 $\angle 55°$
200	4.76 $\angle 75°$	7.40 $\angle -33°$	5.52 $\angle -133°$	1.67 $\angle -43°$	26.84 $\angle 47°$

续表

故障过渡电阻（Ω）	$\dot{U}'_A$（kV）	$\dot{U}'_B$（kV）	$\dot{U}'_C$（kV）	$\dot{U}'_0$（kV）	$\dot{I}_{jd}$（A）
400	5.04 $\underline{/83°}$ 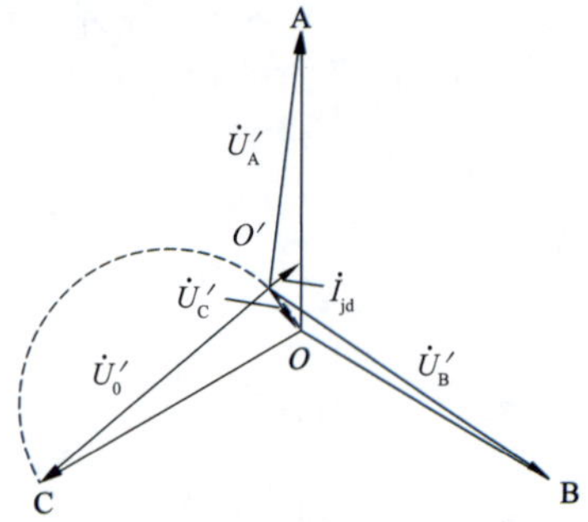	6.67 $\underline{/-33°}$	5.67 $\underline{/-143°}$	0.97 $\underline{/-53°}$	13.91 $\underline{/37°}$
800	5.36 $\underline{/87°}$ 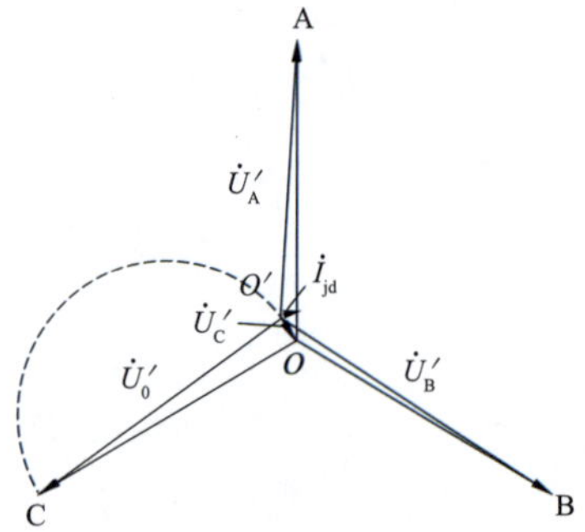	6.24 $\underline{/-32°}$	5.70 $\underline{/-145°}$	0.49 $\underline{/-55°}$	7.03 $\underline{/35°}$

由于三相电压随故障过渡电阻的变化而变化，偏移后的中性点在以正常运行下相电压为直径的半圆上移动，三相电压的幅值和相位均随中性点的移动而相应变化，根据提出的选相方案，将故障后三相电压大小的范围分为几个档次来判断故障相位。

（1）某一相电压很低，另外两相电压较高。当故障后三相电压在该范围内，那么系统发生单相金属性接地故障，对应表 3-1 中故障过渡电阻取为 5Ω 的情况，故障相电压在暂态过程幅值已足够小，如图 3-2 所示，可直接根据暂态幅值来判断电压最小相为故障相，可将故障相的判别时间缩短到 5ms 左右，但是有可能降低选相的正确率。

（2）某一相电压较低，且其前一相电压较高。当故障后三相电压在该范围内，那么单相接地过渡电阻较小，对应表 3-1 中故障电阻取 20Ω 和 40Ω 的情况，此时故障相电压幅值最低，即判断电压最低相为故障相。

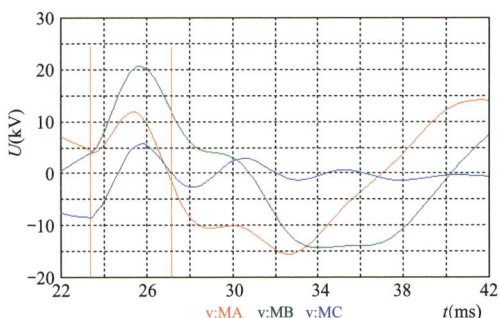

图 3-2　金属性接地故障三相电压暂态过程

（3）三相电压均较高。当故障后三相电压在该范围内，那么单相接地过渡电阻较大，对应表 3-1 中故障电阻取 100Ω 及以上的情况，此时故障相电压幅值可能不再是三相最低的，需要根据故障相前一相电压最高来完成故障选相。

另外，当三相电压均较高时，中性点电压升高不明显，已接近或超过电压互感器开口三角电压能判断的范围，对应表 3-1 中故障电阻取 400Ω 及以上的情况，此时三相电压相差不大，若仅依靠三相电压的幅值大小就很容易造成误判。根据表 3-1 所示的变化规律，不论过渡电阻如何变化，故障点电流与故障相电压始终成 $180°$ 夹角，实际系统中虽然不能直接测量故障点电流，但是各条线路的零序电流是可以测量的，而且高阻故障的判别过程恰好又依靠零序电流的突变。故障点电流的方向与故障线路零序电流方向相同（以线路流向母线为零序电流正方向），而与非故障线路零序电流方向相反，即若某一相电压与系统某一条馈线首端零序电流方向相同，而与其他馈线首端零序电流方向相反，则可判断该相为故障相。

根据上述规律，可以完善高阻接地故障选相方法，对于开口三角电压已经无法判别的高阻接地故障，将三相电压幅值的判别方法与零序电流方向的判别方法结合，以提高高阻接地故障选相的准确率。

3.1.2　基于快速开关消弧装置的故障选相方案及流程

在对中性点不接地系统三相电压分析的基础上，根据三相电压的大小关系，制定快速开关型消弧装置中故障选相子程序流程图，如图 3-3 所示。

单相接地故障选相依据为故障后母线三相电压，若有一相电压接近 0，另外两相电压升高接近线电压，则说明故障过渡电阻很小，接近金属性接地故障，则可直接判断电压接近 0 相为故障相；而且这种情况下，三相电压的大小在暂态过程中就非常明显，若需要缩短故障选相时间，可直接利用三相电压暂态值进行判断，但是可能对判别结果的可靠性有一定的影响。若无一相电压接近 0，则再判断是否某一相电压小于另外两相，且其前一相电压大于另外两相，若该条件成立则为小电阻接地故障，判断电压最小相为故障相；否则为大电阻接地故障，判断电压最大相的后一相为故障相。选择出故障相别后由控制器向该相母线快速开关发出合闸信号。

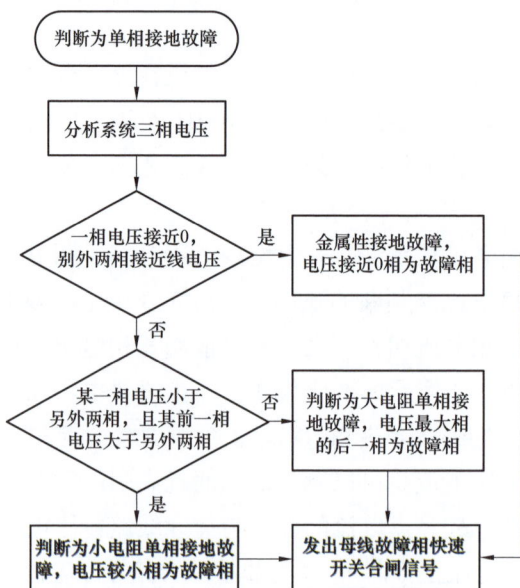

图 3-3　故障选相子程序流程

3.2　基于快速开关消弧消谐装置的单相接地故障暂稳态特征分析

　　故障选线的依据是配电网在单相接地故障过程中各条馈电线路零序电流的变化特征，对于采用快速开关型消弧装置的配电网，可以结合快速开关合闸前和合闸后故障线路零序电流与非故障线路零序电流方向和幅值的差异进行故障线路的判断，本节分别对快速开关合闸前和合闸后各条线路零序电流特征进行仿真分析，对提出的故障选线方案进行验证，并说明该方法同样适用于故障分支的选择。

3.2.1　单相接地故障时快速开关动作前暂稳态特征分析

发生单相接地故障时，在快速开关动作前，根据不同接地条件，对线路故障特性进行分析，下面对建立仿真模型进行相关分析。

3.2.1.1　仿真模型及参数设置

系统模型及元件参数设置与 3.1.1.1 中相同。

3.2.1.2　金属性故障时零序电流特征分析

配电网发生单相接地故障，对快速开关动作前各线路零序电流进行计算，以典型配电网中发生金属性接地故障的情况为例，故障点设置在馈线 L5 的分支线路 DF 段中部，线路 C 相在 $t=0.023$s 发生故障，故障后各条馈线首端零序电流波形如图 3–4 所示，零序电流的暂态峰值和稳态有效值如表 3–2 所示。

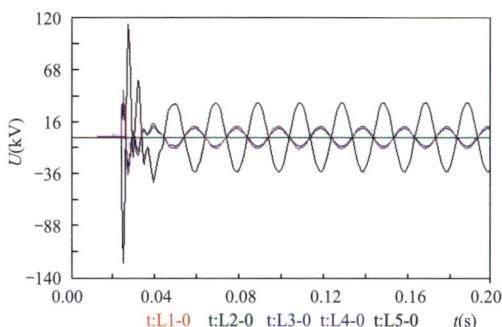

图 3–4　单相接地故障过程馈线首端零序电流波形

表 3–2　　　　　　　　　单相接地故障过程馈线首端零序电流值

馈线	L1	L2	L3	L4	L5
暂态峰值（A）	0.66	1.03	36.33	47.73	124.58
稳态有效值（A）	0.09	0.13	6.25	7.82	24.47

故障点所在线路 L5 首端零序电流幅值最大，由于分支线路的存在，稳态有效值比其他 4 条馈线零序电流之和更大，方向与其他 4 条馈线零序电流方向相反；馈线 L1 和 L2 为架空线路，零序电流相对较小；馈线 L3 和 L4 为电缆线路，零序电流相对架空线路大，但仍小于故障线路。上述幅值和方向的差异在暂态过程就非常明显，一般选线装置均是根据零序电流的幅值和方向来区分故障线路和非故障线路。

3.2.1.3 小电阻及高阻接地故障时零序电流特征分析

当接地电阻分别取 10Ω 和 1000Ω 时，仿真得到各馈线零序电流的波形图如图 3-5 所示，故障发生后 20ms 内各馈线零序电流工频分量幅值和相位如表 3-3 所示。

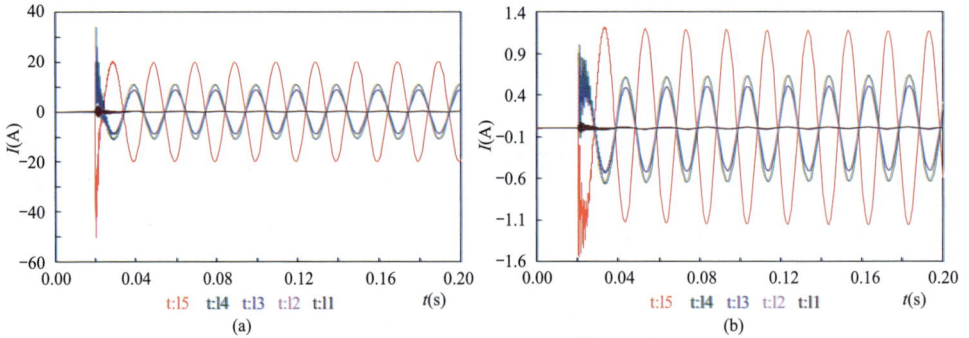

图 3-5　各馈线零序电流（未安装开关）

（a）10Ω 接地电阻下各馈线零序电流；（b）1000Ω 接地电阻下各馈线零序电流

表 3-3　　　故障发生后 20ms 内各馈线零序电流工频分量幅值和相位　　　（A）

电阻 \ 馈线	L5	L4	L3	L2	L1
10	$15.00 \angle -78.1°$	$8.20 \angle 101.9°$	$6.56 \angle 101.9°$	$0.15 \angle 101.3°$	$0.09 \angle 101.3°$
1000	$0.82 \angle -149.8°$	$0.45 \angle 30.1°$	$0.36 \angle 30.1°$	$0.01 \angle 36.8°$	$0.01 \angle 36.9°$

仿真得到各支线零序电流的波形图如图 3-6 所示，故障发生后 20ms 内各支线零序电流工频分量幅值和相位如表 3-4 所示。

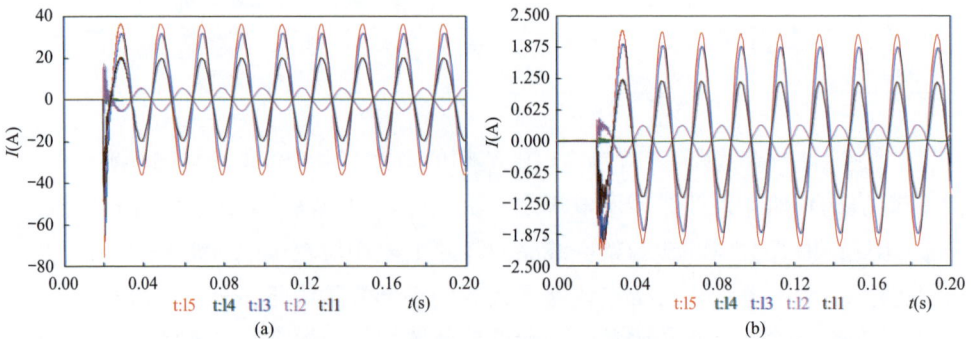

图 3-6　各支线零序电流（未安装开关）

（a）10Ω 接地电阻下各支线零序电流；（b）1000Ω 接地电阻下各支线零序电流

表 3-4　　　　故障发生后 20ms 内各支线零序电流工频分量幅值和相位　　（A）

电阻（Ω）＼支线	L54	L53	L52	L51	L5
10	27.4 $\angle$ $-77.9°$	0.07 $\angle$ $102.3°$	24.0 $\angle$ $-78.0°$	4.1 $\angle$ $102.5°$	15.0 $\angle$ $-78.1°$
1000	1.49 $\angle$ $-149.5°$	0.004 $\angle$ $37.4°$	1.31 $\angle$ $-149.6°$	0.22 $\angle$ $30.8°$	0.82 $\angle$ $-149.8°$

由图 3-5 和图 3-6 可以得出，在稳态时，故障线路与非故障线路零序电流方向相反，幅值相对较高。由表 3-3 和表 3-4 可以得出，在小电阻接地下，可以依据故障线路的电流相位与非故障线路反向来进行故障选线。但在高阻接地情况下，零序电流工频分量幅值较小，将增加选线难度。

3.2.1.4　小电阻及高阻接地故障时零序电荷特征分析

当接地电阻分别取 10Ω 和 1000Ω 时，仿真得到各馈线零序电荷的波形图如图 3-7 所示。

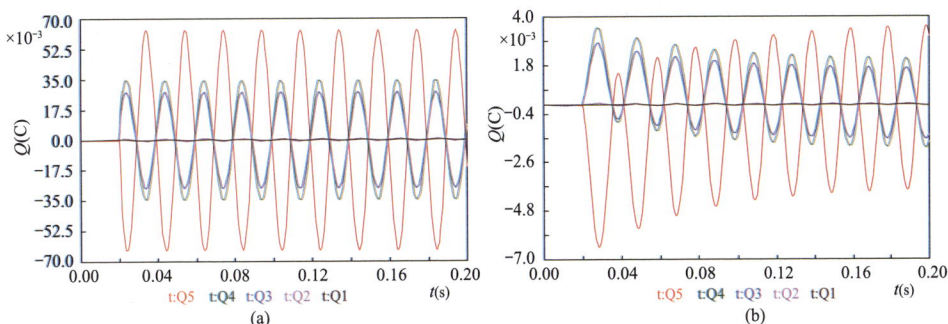

图 3-7　各馈线电荷量（未安装开关）

(a) 10Ω 接地电阻下各馈线电荷；(b) 1000Ω 接地电阻下各馈线电荷

仿真得到各支线电荷量波形图如图 3-8 所示。

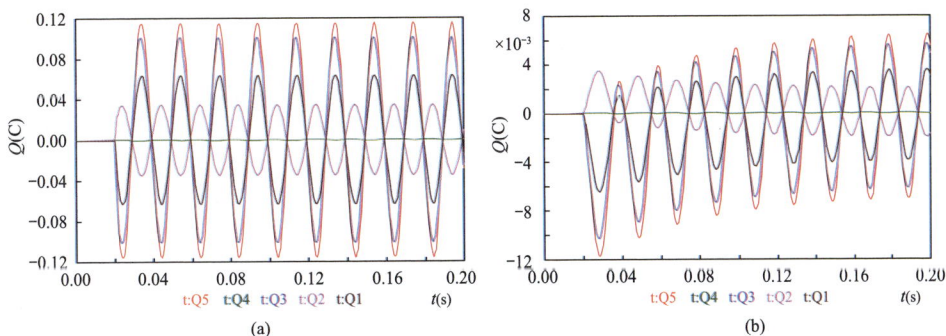

图 3-8　各支线电荷量（未安装开关）

(a) 10Ω 接地电阻下各支线电荷；(b) 1000Ω 接地电阻下各支线电荷

由图 3-7 和图 3-8 可以看出，故障线路与非故障线路电荷方向相反，幅值较高。但电荷特征与电流特征类似，在高阻接地情况下，零序电荷幅值较小，将增加选线难度。

与电流特征分析法对比，采用电荷特征来进行故障选线的优点是：零序电荷在故障发生后基本无振荡过程，可以在暂态过程中确定故障线路。针对该特征，分析 5ms 内暂态电荷量，下柱状图 3-9 中的柱状图所示的为 5ms 内电荷的最大值。

由图 3-9 可知，在 5ms 内依据故障线路与非故障线路电荷量正负即可以判断出故障线。若在测量精度较高或低阻接地条件下，可以进一步缩短故障选线的时间。

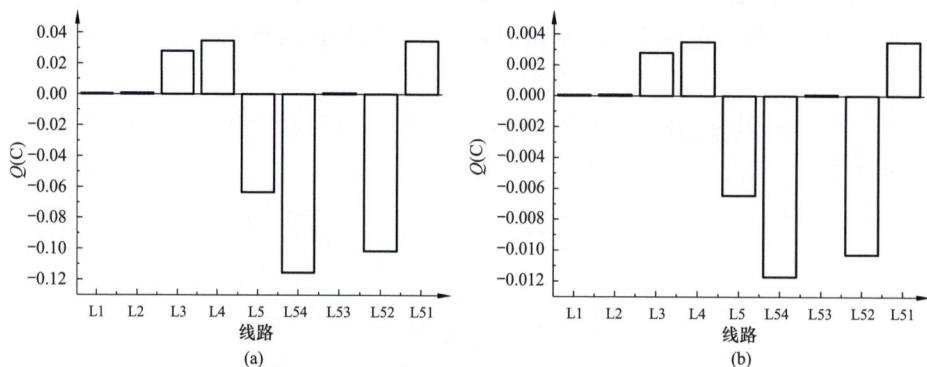

图 3-9　未安装快速开关 5ms 内暂态电荷量
(a) 10Ω 接地电阻下 5ms 内暂态电荷量；(b) 1000Ω 接地电阻下 5ms 内暂态电荷量

3.2.1.5　高阻接地故障下不稳定燃弧时零序电荷特征分析

同上，高阻接地故障有可能伴随着故障电弧的不稳定燃弧，接地阻抗变化很大。现设置仿真高阻变化时的电荷特征量，设置 0.02s 高阻接地故障发生，0.5ms 后燃弧，接地电阻从 1000 变为 10Ω，持续 1ms 后熄弧。

由图 3-10 和图 3-11 可以看出，故障线路与非故障线路电荷量方向相

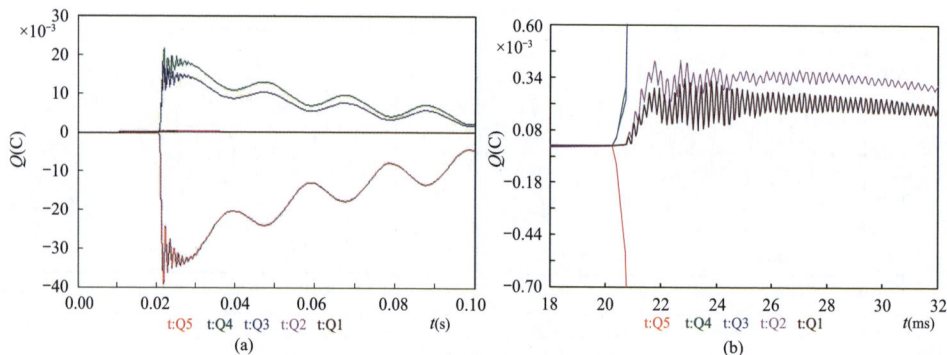

图 3-10　馈线电荷量波形图
(a) 考虑燃弧时馈线电荷量；(b) 局部放大图

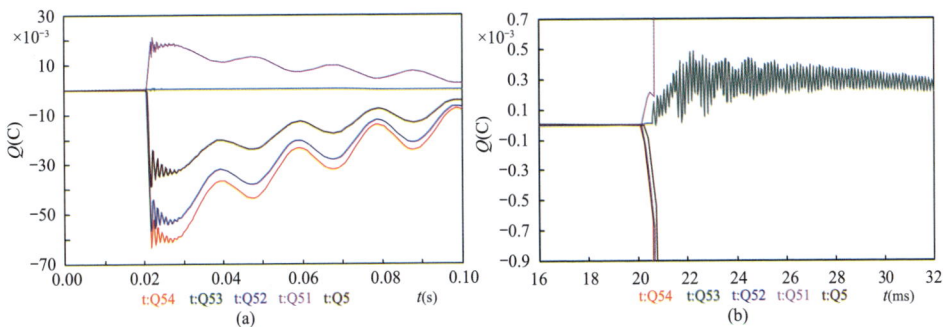

图 3-11 支线电荷量波形图
(a) 考虑燃弧时支线电荷量；(b) 局部放大图

反，并且无振荡过程，且由于燃弧，电荷量幅值上升，这对于故障选线是有利的。

以馈线为例，下面改变燃弧时间进行仿真计算，如图 3-12 所示。

由图 3-12 可以看出，当燃弧时间持续至 1ms 以上时，电荷量幅值大幅增大，有利于选出故障线路。

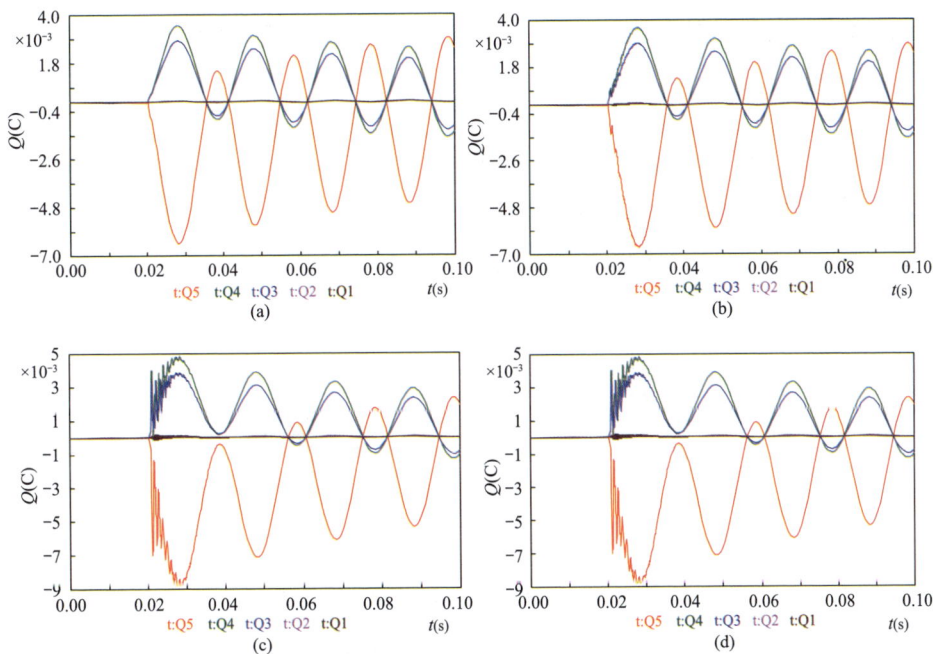

图 3-12 不同燃弧时间下馈线电荷量波形图（一）
(a) 1000Ω 下不燃弧；(b) 燃弧时间 0.01ms；(c) 燃弧时间 0.1ms；(d) 燃弧时间 0.5ms；

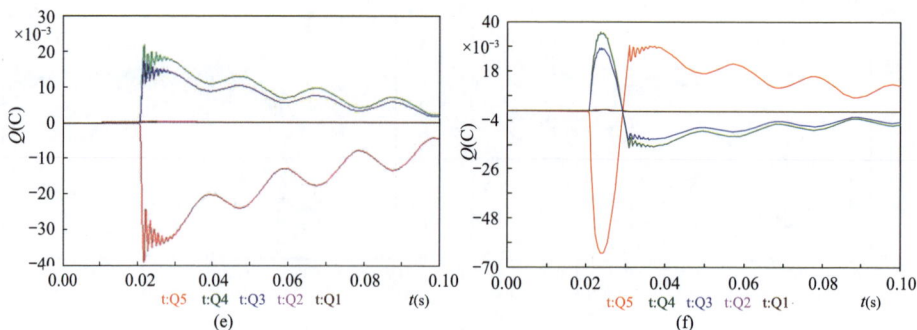

图 3-12　不同燃弧时间下馈线电荷量波形图（二）

(e) 燃弧时间 1.0ms；(f) 燃弧时间 10.0ms

3.2.2　单相接地故障时快速开关动作后暂稳态特征分析

单相接地故障时，在快速开关动作后，对不同接地条件线路故障特征进行分析，下面对建立仿真模型进行相关分析。

3.2.2.1　仿真模型及参数设置

系统模型及元件参数设置与 3.1.1.1 中相同。为方便对波形图进行分析，设置单相接地故障发生于 0.05s，快速开关于 0.15s 动作，仿真总时长为 0.3s。除波形图以外的数值分析，仿真均设置单相接地故障发生于 0.02s，快速开关于 0.04s 动作，仿真总时长为 0.2s。

3.2.2.2　小电阻及高阻接地故障时零序电流特征分析

当接地电阻分别取 10Ω 和 1000Ω 时，仿真得到快速开关动作前后各馈线零序电流的波形图如图 3-13 所示。

仿真得到各支线零序电流的波形图如图 3-14 所示。

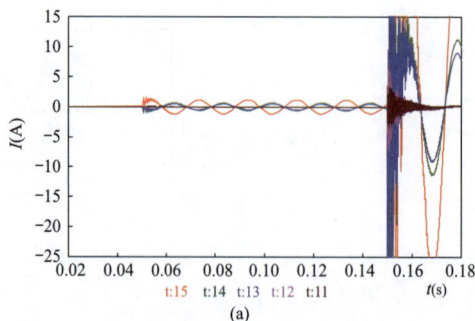

图 3-13　各馈线零序电流的波形图（安装开关）（一）

(a) 10Ω 接地电阻下各馈线零序电流；

80

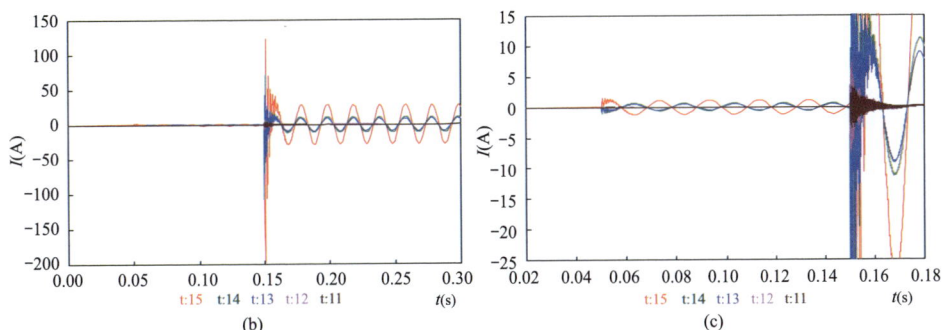

图 3-13 各馈线零序电流的波形图（安装开关）（二）

(b) 1000Ω 接地电阻下各馈线零序电流；(c) 局部放大图

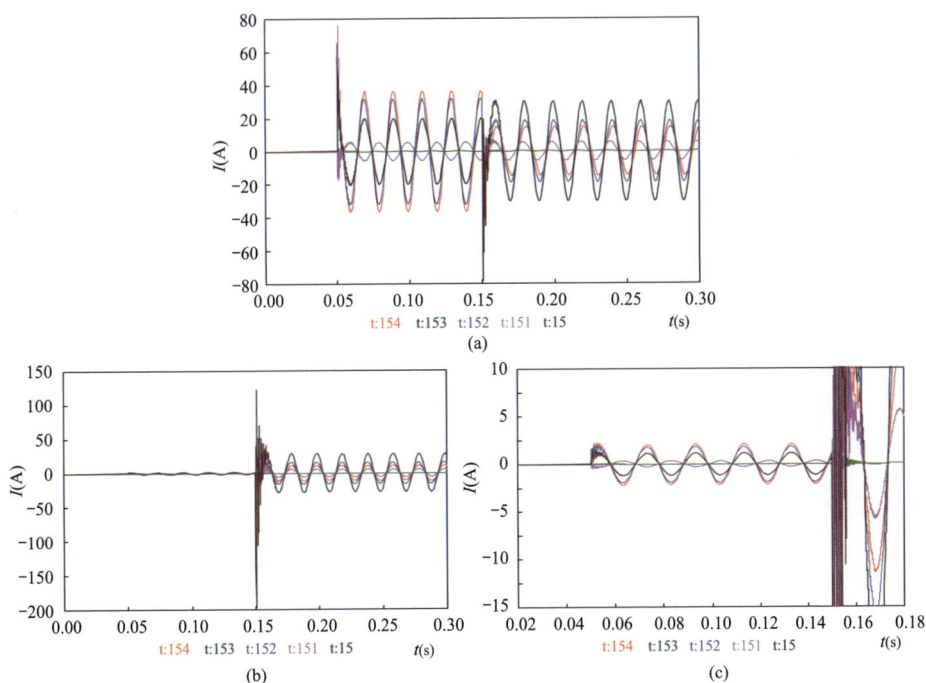

图 3-14 各支线零序电流（安装开关）

(a) 10Ω 接地电阻下各支线零序电流；(b) 1000Ω 接地电阻下各支线零序电流；(c) 局部放大图

由图 3-13 和图 3-14 可得到，快速开关动作前，故障线路与非故障线路零序电流方向相反，快速开关动作后，故障线路与非故障线路零序电流方向相同。在经小电阻接地故障下，快速开关动作前后的翻相过程较为明显，但高阻接地故障下翻相过程则不太明显。进一步定量分析故障线路翻相特征，得出开关动作前后 20ms 内各馈线零序电流工频分量幅值和相位如表 3-5 和表 3-6 所示。

表 3–5　　　开关动作前后 20ms 内各馈线零序电流工频分量幅值和相位　　（A）

电阻	馈线	L5	L4	L3	L2	L1
10Ω	动作前	15.00 $\angle -78.1°$	8.20 $\angle 101.9°$	6.56 $\angle 101.9°$	0.15 $\angle 101.3°$	0.09 $\angle 101.3°$
	动作后	21.01 $\angle 103.1°$	8.47 $\angle 116.8°$	6.77 $\angle 116.8°$	0.15 $\angle 116.0°$	0.10 $\angle 116.0°$
1000Ω	动作前	0.82 $\angle 149.8°$	0.45 $\angle 30.1°$	0.36 $\angle 30.1°$	0.01 $\angle 36.8°$	0.01 $\angle 36.9°$
	动作后	22.73 $\angle 114.2°$	9.04 $\angle 114.8°$	7.24 $\angle 114.9°$	0.17 $\angle 114.1°$	0.10 $\angle 114.2°$

表 3–6　　　开关动作前后 20ms 内各支线零序电流工频分量幅值和相位　　（A）

电阻	支线	L54	L53	L52	L51	L5
10Ω	动作前	27.4 $\angle -77.9°$	0.07 $\angle 102.3°$	24.0 $\angle -78.0°$	4.1 $\angle 102.5°$	15.0 $\angle -78.1°$
	动作后	9.13 $\angle 84.3°$	0.07 $\angle 115.3°$	12.18 $\angle 92.9°$	4.21 $\angle 116.3°$	21.01 $\angle 103.1°$
1000Ω	动作前	1.49 $\angle -149.5°$	0.004 $\angle 37.4°$	1.31 $\angle -149.6°$	0.22 $\angle 30.8°$	0.82 $\angle -149.8°$
	动作后	9.08 $\angle 113.7°$	0.07 $\angle 113.5°$	12.77 $\angle 113.9°$	4.53 $\angle 114.4°$	22.73 $\angle 114.2°$

表 3–5 和表 3–6 即故障发生后 20ms（0.02~0.04s）和开关动作后 20ms
（0.04~0.06s）各线路零序电流工频分量幅值和相位，可以发现经小电阻单相
接地故障下，故障馈线 L5、故障支线 L52、L54 翻相特征比较明显。高阻接地下，
故障线路翻相特征不明显。

3.2.2.3　小电阻及高阻接地故障时零序电荷特征分析

当接地电阻分别取 10Ω 和 1000Ω 时，仿真得到快速开关动作前后各馈
线零序电荷的波形图如图 3–15 所示。

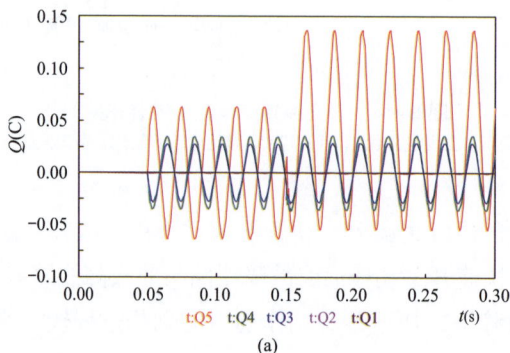

图 3–15　各馈线零序电荷的波形图（安装开关）（一）

（a）10Ω 接地电阻下各馈线电荷

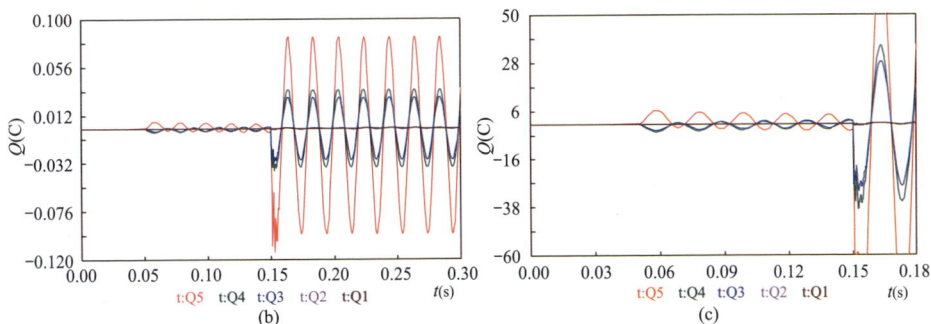

图 3-15　各馈线零序电荷的波形图（安装开关）（二）
(b) 1000Ω 接地电阻下各馈线电荷；(c) 局部放大图

仿真得到各支线电荷量波形图如图 3-16 所示。

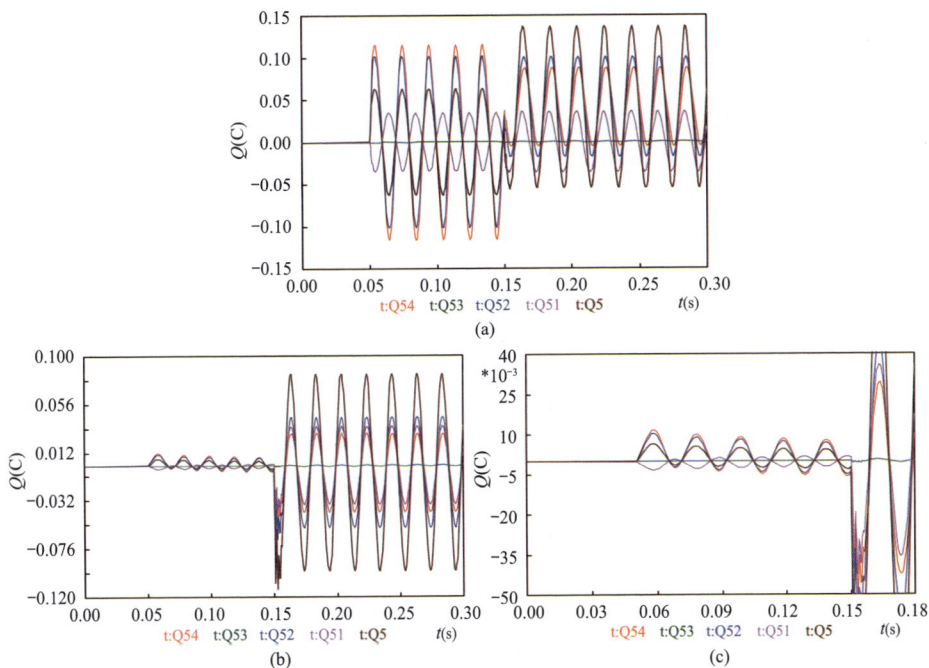

图 3-16　各支线电荷量波形图（安装开关）
(a) 10Ω 接地电阻下各支线电荷；(b) 1000Ω 接地电阻下各支线电荷；(c) 局部放大图

由图 3-16 可得，在发生单相接地故障且快速开关动作前，故障线路与非故障线路电荷方向与零序电流类似，方向相反，且在快速开关动作前后存在明显的翻相过程。在高阻接地情况下，故障线路零序电荷翻相特征较零序电流的翻相过程更明显。

3.2.3 故障点电压特征分析及柱上开关限压仿真分析

当故障判别和故障选相程序完成后，系统会发出指令使得母线处快速开关迅速闭合，将线路上的单相接地故障迅速转移为母线处稳定的金属性接地故障，使得故障点处的电弧趋于熄灭，故障点处恢复电压也处于较低值。假设单相接地故障为人身触电事故，则故障转移后，触电点处的电压可以处于较低值，且通过在线路上装设柱上开关，故障选线程序选择出故障线路后，通过闭合故障线路上故障相的柱上开关，可以进一步降低故障点处的恢复电压值。

下面针对快速开关动作前后故障点处的恢复电压进行计算，并对柱上开关限制恢复电压的效果进行仿真分析。

3.2.3.1 仿真模型及参数设置

系统模型及元件参数设置与 3.1.1.1 中相同，系统等值计算图如图 3–17 所示，其中故障电阻取 10Ω，电站接地电阻为 0.5Ω。但为了分析系统出线数对故障点电压的影响，计算中选取了不同的出线数目、类型及长度，具体见计算内容。

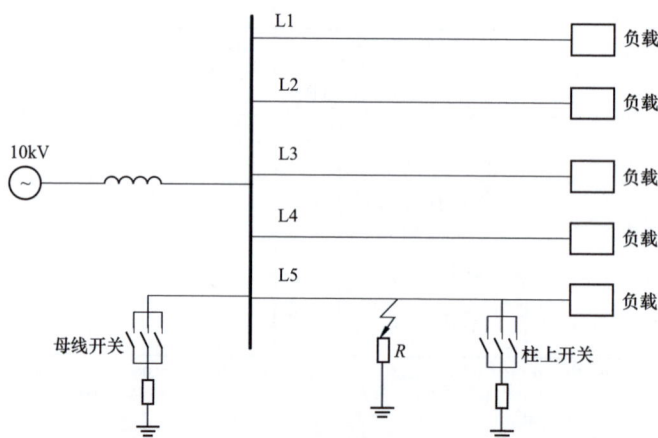

图 3–17　系统等值计算图

3.2.3.2 快速开关动作前后故障点电压

本节的计算中暂不考虑柱上开关，仅考虑发生单相接地故障后，故障判别及故障选相程序启动，选择出故障相，母线快速开关故障相闭合，转移故障电流。

（1）不同出线数对故障点电压的影响。

1）系统带 1 回出线：25km 架空 +43.1km 电缆混联线路，该线路即为故障线路。系统带 1 条线路下母线开关动作前后的故障点情况如表 3-7 所示。

表 3-7　　　　系统带 1 条线路下母线开关动作前后的故障点情况

故障点位置	母线开关动作前电压（V）	故障点入地电流（A）	母线开关动作后电压（V）	故障点入地电流（A）	母线开关分流（A）
末端	937.4	93.7	462.6	46.2	89.4
中间	979	97.9	532.1	53.2	89.0
首端	1181	118.1	59.3	5.9	118.6

2）系统带 2 回出线：5km 电缆线路、25km 架空 +38km 电缆混联线路。故障线路为：25km 架空 +38km 电缆混联线路。系统带 2 条线路下母线开关动作前后的故障点情况如表 3-8 所示。

表 3-8　　　　系统带 2 条线路下母线开关动作前后的故障点情况

故障点位置	母线开关动作前电压（V）	故障点入地电流（A）	母线开关动作后电压（V）	故障点入地电流（A）	母线开关分流（A）
末端	940.2	94.0	430.6	43.0	88.2
中间	976.7	96.8	484.8	48.5	87.3
首端	1130	113.0	56.1	5.6	112.2

3）系统带 3 回出线：40km 架空线路、5km 电缆线路、25km 架空 +37.5km 电缆混联线路。故障线路为：25km 架空 +37.5km 电缆混联线路。系统带 3 条线路下母线开关动作前后的故障点情况如表 3-9 所示。

表 3-9　　　　系统带 3 条线路下母线开关动作前后的故障点情况

故障点位置	母线开关动作前电压（V）	故障点入地电流（A）	母线开关动作后电压（V）	故障点入地电流（A）	母线开关分流（A）
末端	939.7	93.9	427.3	42.7	88
中间	975.7	97.6	480	48	87.1
首端	1124	112.4	55.8	5.6	111.5

4）系统带 4 回出线：10km 电缆线路、40km 架空线路、5km 电缆线路、25km 架空 +26.5km 电缆混联线路。故障线路为：25km 架空 +26.5km 电缆混联线路。系统带 4 条线路下母线开关动作前后的故障点情况如表 3–10 所示。

表 3–10　　　　系统带 4 条线路下母线开关动作前后的故障点情况

故障点位置	母线开关动作前电压（V）	故障点入地电流（A）	母线开关动作后电压（V）	故障点入地电流（A）	母线开关分流（A）
末端	942.3	94.2	358.8	35.9	85.9
中间	968.1	96.8	383.2	38.3	84.8
首端	1021	102.1	49.8	5.0	99.6

5）系统带 5 回出线：20km 架空 +10km 电缆混联线路、10km 电缆线路、40km 架空线路、5km 电缆线路、25km 架空 +14.5km 电缆混联线路。故障线路为：25km 架空 +14.5km 电缆混联线路。系统带 5 条线路下母线开关动作前后的故障点情况如表 3–11 所示。

表 3–11　　　　系统带 5 条线路下母线开关动作前后的故障点情况

故障点位置	母线开关动作前电压（V）	故障点入地电流（A）	母线开关动作后电压（V）	故障点入地电流（A）	母线开关分流（A）
末端	950	95.0	283.7	28.4	84.8
中间	965.1	96.5	287.5	28.8	84.0
首端	926.8	92.7	44.8	4.5	89.6

由表 3–7~ 表 3–11 可知，10kV 系统所带出线越多，即与故障线路并联线路越多，故障线路越短，故障线路发生单相接地故障时母线开关动作前后的故障点电压值整体水平越低。

（2）线路分支数对故障点电压的影响。

1）10kV 系统带 5 条线路：20km 架空 +10km 电缆混联线路、10km 电缆线路、40km 架空线路、5km 电缆线路、25km 架空 +（5km 电缆线路、13km 电缆）混联线路，故障线路为：25km 架空 +（13km 电缆）混联线路。故障线路 2 条分支下母线开关动作前后的故障点情况如表 3–12 所示。

表 3-12　　　故障线路 2 条分支下母线开关动作前后的故障点情况

故障点位置	母线开关动作前电压（V）	故障点入地电流（A）	母线开关动作后电压（V）	故障点入地电流（A）	母线开关分流（A）
末端	937.8	93.8	458	45.8	95.2
中间	951.3	95.1	485.9	48.6	94.6
首端	1015	101.5	51.7	5.2	103.4

2）10kV 系统带 5 条线路：20km 架空 +10km 电缆混联线路、10km 电缆线路、40km 架空线路、5km 电缆线路、25km 架空 +（20km 架空 +10km 电缆混联线路、5km 电缆、6.5km 电缆）混联线路。故障线路为：25km 架空 +（6.5km 电缆线路）混联线路。故障线路 3 条分支下母线开关动作前后的故障点情况如表 3-13 所示。

表 3-13　　　故障线路 3 条分支下母线开关动作前后的故障点情况

故障点位置	母线开关动作前电压（V）	故障点入地电流（A）	母线开关动作后电压（V）	故障点入地电流（A）	母线开关分流（A）
末端	937.8	93.8	635.9	45.8	106
中间	944.3	94.4	661.8	48.6	105.7
首端	1110	111.0	54.1	5.2	108.3

由表 3-12~ 表 3-13 可知，10kV 系统故障线路所带分支越多，故障线路越短，故障线路发生单相接地故障时母线开关动作前后的故障点电压值整体水平越低。

（3）故障电阻及电站接地电阻对故障点电压的影响。考虑较为严重情况，取上述故障点电压水平最高的线路，10kV 系统带 5 条线路：20km 架空 +10km 电缆混联线路、10km 电缆线路、40km 架空线路、5km 电缆线路、25km 架空 +（20km 架空 +10km 电缆混联线路、5km 电缆、6.5km 电缆）混联线路。故障线路为：25km 架空 +（6.5km 电缆线路）混联线路。计算不同故障电阻下母线开关动作前后的故障点电压值如表 3-14 所示，电站接地电阻为 0.5Ω。

表 3-14　　　不同故障电阻下母线开关动作前后的故障点电压值

故障接地电阻（Ω）	故障点位置	母线开关动作前电压（V）	母线开关动作后电压（V）
1	末端	99.6	81.1
	中间	99.7	85.3
	首端	113.6	37.9

故障接地电阻（Ω）	故障点位置	母线开关动作前电压（V）	母线开关动作后电压（V）
10	末端	937.8	635.9
	中间	944.3	661.8
	首端	1110	54.1
100	末端	3882	1686
	中间	3950	1676
	首端	5097	56.6
1000	末端	4554	1931
	中间	4595	1892
	首端	5772	56.8

由表 3-14 可知，故障接地电阻越大，故障线路不同位置发生单相接地故障时，母线开关动作前后的故障点电压值整体水平越高。

计算电站接地电阻不同时故障点电压值。如表 3-15 所示，故障电阻取值为 10Ω。

表 3-15　　　　不同电站接地电阻下母线开关动作前后的故障点电压值

电站接地电阻（Ω）	故障点位置	母线开关动作前电压（V）	母线开关动作后电压（V）
0.1	末端	937.8	648.8
	中间	951.3	675.9
	首端	1015	11.3
0.2	末端	937.8	645.5
	中间	951.3	672.3
	首端	1015	22.3
0.5	末端	937.8	635.9
	中间	944.3	661.8
	首端	1110	54.1
1	末端	937.8	620.3
	中间	951.3	645.1
	首端	1015	103.3

由表 3-15 可知，电阻接地电阻越大，故障线路首端发生单相接地故障时，母线开关动作后的故障点电压值越大，整体水平越高；故障线路中间和末端

发生单相接地故障时，母线开关动作后的故障点电压值越小。

3.2.3.3 柱上开关动作后故障点电压

由上面的分析可知，母线快速开关动作后，故障点的恢复电压幅值将大大降低，但并不能保证故障线路上各点电压均低于人体安全电压 36V。下面考虑在线路上装设户外柱上开关，故障选线程序选择出故障线路后，闭合柱上开关的故障相，仿真计算故障线路上的电压值。

考虑较为严重情况，一般电站接地电阻小于 0.5，电站接地电阻 0.5。当人体触电电压为 500~1000V 时，人体电阻约为 1000，故障点接地电阻取 1000Ω，取上述故障点电压水平最高的线路，10kV 系统带 5 条线路：20km 架空 +10km 电缆混联线路、10km 电缆线路、40km 架空线路、5km 电缆线路、25km 架空 +（20km 架空 +10km 电缆混联线路、5km 电缆、6.5km 电缆）混联线路。故障线路为：25km 架空 +（6.5km 电缆线路）混联线路。柱上开关电阻暂取 1。每 3km 电缆线路、每 12km 架空线路装设一个柱上开关。架空线中距离柱上开关最远距离为 6km，电缆中距离柱上开关最远距离为 1.5km。计算结果如表 3-16 所示。

表 3-16   母线开关、柱上开关动作前后的故障线路各点线路电压值

故障点位置	母线开关动作前故障点电压（V）	母线开关动作后故障点电压（V）	柱上开关动作后故障点电压（V）
末端	4554	1931	20.3
距末端 1.5km	4564	1921	21.4
电缆线路中点	4575	1912	20.5
距末端 4.5km	4585	1902	33.8
中间	4595	1892	34.3
距首端 12km	4869	1421	21.8
架空线中点	5155	946	21.9
距首端 6km	5452	468.9	24.8
首端	5772	56.8	29.4

由表 3-16 可知，分别在线路首段、中间、末端以及每 3km 电缆线路、每 12km 架空线路装设柱上开关，当母线开关和柱上开关动作后，可将线路中任一点的故障点电压限制在 36V 以下，即人体安全电压以下。

3.3　基于快速开关消弧消谐装置的故障选线方法

对于采用快速开关型消弧装置的配电网，在快速开关动作合闸将线路上故障转移到电站内后，会根据发生故障的线路为电缆线路还是架空线路来选择不同的处理方案，因此需要完成准确的选线流程。由单相接地故障暂稳态分析可知，故障点所在线路首端零序电流方向与其他非故障线路零序电流方向相反，目前零序电流的变化特征主要用作故障选线的依据。然而，在小电阻接地下，可以依据故障线路的电流相位与非故障线路反向来进行故障选线。但在高阻接地下，零序电流工频分量幅值较小，将增加选线难度。且当多回线路同时发生单相接地时，故障特征会更复杂。

3.3.1　接地电阻对选线特征量的影响

接地电阻的大小会影响单相接地故障时零序分量的大小，因此需要建立仿真模型进行分析。

3.3.1.1　接地电阻对零序电流的影响

仿真模型与模型及元件参数设置与 3.1.1.1 中相同。配电网发生单相接地故障，对未设置快速开关的各线路零序电流进行仿真计算，改变接地电阻的大小，线路 C 相在 $t=0.023\text{s}$ 发生故障，在不同接地电阻下，各条馈线首端零序电流波形如表 3-17 所示。

表 3-17　　　　未设置快速开关时不同接地电阻下选线的情况

R_f（Ω）	波形图
10	
50	

R_{f}（Ω）	波形图
100	

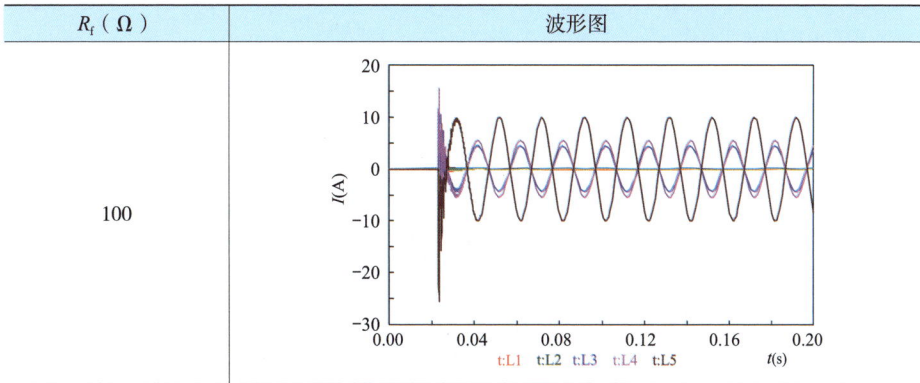

随着故障电阻的增大，L5 上流过的零序电流大小减小，但其方向与非故障线路反向。设置快速在故障发生后 20ms 动作，可得到不同接地电阻阻值下各馈线首端零序电流波形图如表 3-18 所示。

表 3-18　　　　　　　　　　　　设置快速开关的情况

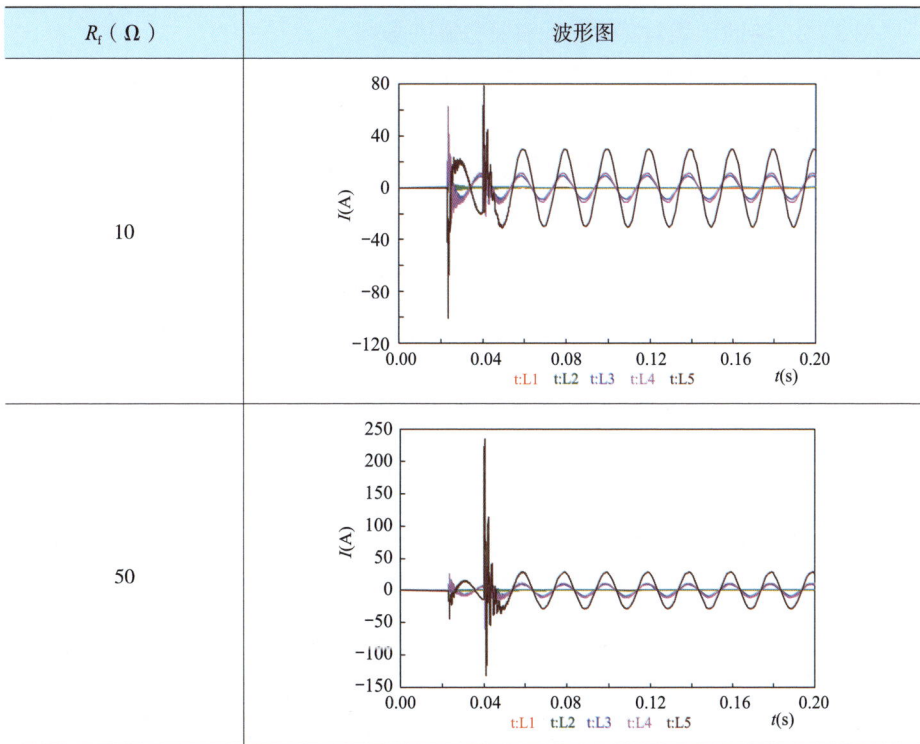

R_{f}（Ω）	波形图
10	
50	

R_f（Ω）	波形图
100	$I(A)$ 轴：300, 200, 100, 0, −100, −200；$t(s)$ 轴：0.00, 0.04, 0.08, 0.12, 0.16, 0.20 t:L1 t:L2 t:L3 t:L4 t:L5

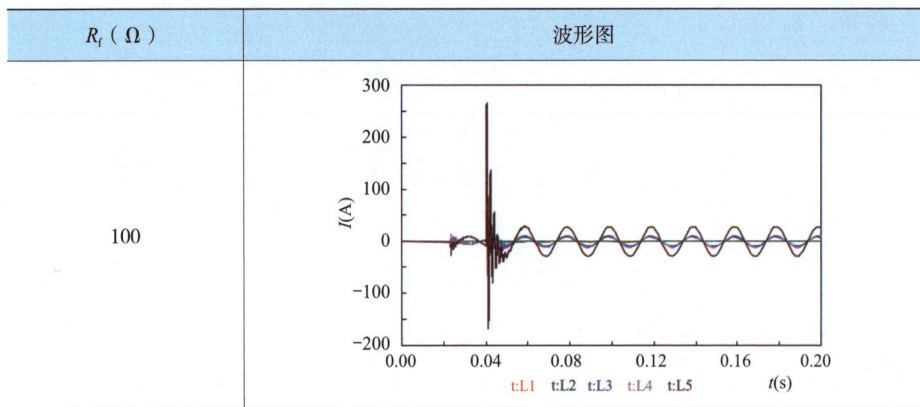

可以看出，虽然快速开关的投入导致故障线路零序电流有翻相过程，但随着接地电阻的增大，故障馈线与非故障馈线的零序电流反向特征趋于模糊，这对于选线是不利的。而通过前面对高阻接地故障时零序电流特征的分析得到，在高阻接地下，故障线路零序电荷翻相特征较零序电流的翻相过程更明显。下面对高阻接地下零序电荷的直流分量进行分析。

3.3.1.2 接地电阻对零序电荷直流分量的影响

由于零序电流的翻相过程，零序电荷在快速开关动作后存在较大的直流分量。现设置开关 0.04s 动作，则动作前时间段取 0.02~0.04s，动作后取稳态时 0.18~0.20s。比较快速开关动作前后各线路电荷的直流分量，得到表 3-19 和表 3-20。

表 3-19　　　　　　　动作前后各馈线电荷量直流分量　　　　　　（A）

接地电阻 ＼ 馈线		L5	L4	L3	L2	L1
正常		-4.9×10^{-6}	-3.1×10^{-6}	-2.5×10^{-6}	6.5×10^{-6}	4.1×10^{-6}
10Ω	动作前	8.8×10^{-4}	-4.9×10^{-4}	-3.9×10^{-4}	-2.1×10^{-6}	-1.3×10^{-6}
	动作后	-4.1×10^{-2}	-8.5×10^{-7}	-6.8×10^{-7}	6.6×10^{-6}	4.1×10^{-6}
1000Ω	动作前	-2.6×10^{-3}	1.4×10^{-3}	1.1×10^{-3}	3.2×10^{-5}	2.0×10^{-5}
	动作后	2.4×10^{-3}	-8.5×10^{-7}	-6.8×10^{-7}	6.5×10^{-6}	4.1×10^{-6}

表 3-20　　　　　　　动作前后各支线电荷量直流分量　　　　　　（A）

接地电阻 ＼ 支线	L54	L53	L52	L51	L5
正常	-3.1×10^{-6}	5.7×10^{-6}	-1.4×10^{-3}	-3.1×10^{-6}	-4.9×10^{-6}

接地电阻 \ 支线		L54	L53	L52	L51	L5
10Ω	动作前	1.5×10^{-3}	-9.4×10^{-7}	1.3×10^{-3}	-4.5×10^{-4}	8.8×10^{-4}
	动作后	-4.1×10^{-2}	5.8×10^{-6}	-4.1×10^{-2}	-8.1×10^{-7}	-4.1×10^{-2}
1000Ω	动作前	-4.8×10^{-3}	2.8×10^{-6}	-4.2×10^{-3}	1.4×10^{-3}	-2.6×10^{-3}
	动作后	2.4×10^{-3}	5.8×10^{-6}	2.4×10^{-3}	-8.2×10^{-7}	2.4×10^{-3}

根据上述数据，绘制动作前后各线路电荷量直流分量柱状图如图3-18所示。可以发现，快速开关动作后，故障线路电荷直流分量远远大于非故障线路。因而，可以将监测快速开关动作后一个周波内各线路的零序电荷直流分量作为故障选线的方法。

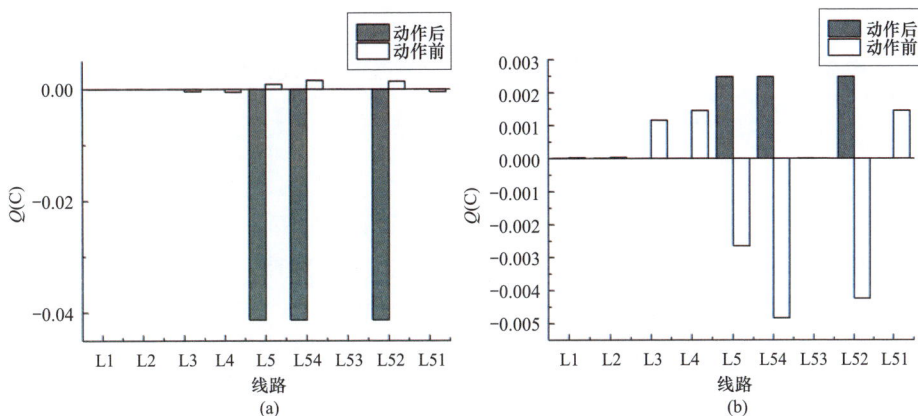

图 3-18 动作前后各线路电荷量直流分量柱状图
(a) 10Ω 接地电阻; (b) 1000Ω 接地电阻

3.3.1.3 快速开关动作时间对直流分量大小的影响

上述仿真设置动作延迟时间20ms是依据快速开关装置特性取值，由于直流分量大小与开关动作时间有关，现改变延迟时间，比较开关动作时间不同情况下的直流分量大小。设故障发生在0.02s，接地电阻为1000Ω，现设置0.03s（10ms）、0.035s（15ms）、0.04s（20ms）、0.045s（25ms）、0.05s（30ms）时开关动作，不同动作时间下的零序电荷直流分量如表3-21和表3-22所示。

表 3-21　　　　　　1000 Ω 下不同动作时间馈线电荷直流分量　　　　　　（A）

动作延时	馈线	L5	L4	L3	L2	L1
正常		-4.9×10^{-6}	-3.1×10^{-6}	-2.5×10^{-6}	6.5×10^{-6}	4.1×10^{-6}
10ms	动作前	-4.0×10^{-3}	2.2×10^{-3}	1.7×10^{-3}	5.3×10^{-5}	3.3×10^{-5}
10ms	动作后	-1.3×10^{-2}	-8.5×10^{-7}	-6.8×10^{-7}	6.5×10^{-6}	4.1×10^{-6}
15ms	动作前	-3.8×10^{-3}	2.0×10^{-3}	1.6×10^{-3}	4.8×10^{-5}	3.0×10^{-5}
15ms	动作后	-8.6×10^{-4}	-8.5×10^{-7}	-6.8×10^{-7}	6.5×10^{-6}	4.1×10^{-6}
20ms	动作前	-2.6×10^{-3}	1.4×10^{-3}	1.1×10^{-3}	3.2×10^{-5}	2.0×10^{-5}
20ms	动作后	2.4×10^{-3}	-8.5×10^{-7}	-6.8×10^{-7}	6.5×10^{-6}	4.1×10^{-6}
25ms	动作前	-2.3×10^{-3}	1.2×10^{-3}	1.0×10^{-3}	3.0×10^{-5}	1.9×10^{-5}
25ms	动作后	-9.5×10^{-3}	-8.5×10^{-7}	-6.8×10^{-7}	6.5×10^{-6}	4.1×10^{-6}
30ms	动作前	-2.8×10^{-3}	1.5×10^{-3}	1.2×10^{-3}	3.6×10^{-5}	2.2×10^{-5}
30ms	动作后	-1.1×10^{-2}	-8.5×10^{-7}	-6.8×10^{-7}	6.5×10^{-6}	4.1×10^{-6}

表 3-22　　　　　　1000 Ω 下不同动作时间支线电荷直流分量　　　　　　（A）

动作延时	支线	L54	L53	L52	L51	L5
正常		-3.1×10^{-6}	5.7×10^{-6}	-1.499×10^{-3}	-3.1×10^{-6}	-4.9×10^{-6}
10ms	动作前	-7.4×10^{-3}	4.6×10^{-5}	-6.5×10^{-3}	2.2×10^{-3}	-4.0×10^{-3}
10ms	动作后	-1.3×10^{-2}	5.8×10^{-6}	-1.3×10^{-2}	-8.2×10^{-7}	-1.3×10^{-2}
15ms	动作前	-7.0×10^{-3}	4.1×10^{-5}	-6.1×10^{-3}	2.0×10^{-3}	-3.8×10^{-3}
15ms	动作后	-8.7×10^{-4}	5.8×10^{-6}	-8.6×10^{-4}	-8.2×10^{-7}	-8.6×10^{-4}
20ms	动作前	-4.8×10^{-3}	2.8×10^{-6}	-4.2×10^{-3}	1.4×10^{-3}	-2.6×10^{-3}
20ms	动作后	2.4×10^{-3}	5.8×10^{-6}	2.4×10^{-3}	-8.2×10^{-7}	2.4×10^{-3}
25ms	动作前	-4.3×10^{-3}	2.6×10^{-5}	-3.7×10^{-3}	1.2×10^{-3}	-2.3×10^{-3}
25ms	动作后	-9.5×10^{-3}	5.8×10^{-6}	-9.5×10^{-3}	-8.2×10^{-7}	-9.5×10^{-3}
30ms	动作前	-5.1×10^{-3}	3.2×10^{-6}	-4.5×10^{-3}	1.5×10^{-3}	-2.8×10^{-3}
30ms	动作后	-1.1×10^{-2}	5.8×10^{-6}	-1.1×10^{-2}	-8.2×10^{-7}	-1.1×10^{-2}

由表 3-21 和表 3-22 可知，改变快速开关的动作时间，上述规律依然存在，即快速开关动作前，故障线路与非故障线路电荷直流分量反向；快速开关动作后，故障线路电荷直流分量远远大于非故障线路。另外，改变快速开关动作时间，对动作后的非故障线路的电荷直流分量影响可以忽略。

3.3.2 多条线路故障下零序电流特征

配电网多线路发生单相接地故障，对快速开关合闸前各线路零序电流进行计算，以典型配电网中发生金属性接地故障的情况为例，故障点分别设置在馈线 L5 的分支线路 DF 段中部，以及馈线 L2 的分支线路 GH 段中部，线路 C 相在 $t=0.023\text{s}$ 发生故障，多线单相接地故障过程馈线首端零序电流波形如图 3-19 所示。

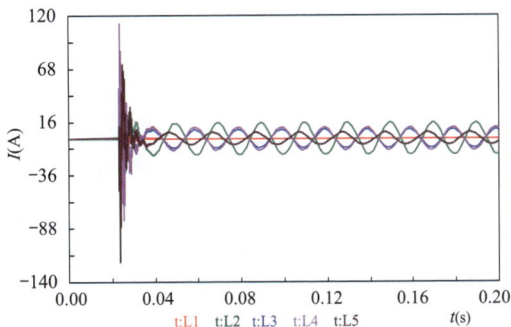

图 3-19　多线单相接地故障过程馈线首端零序电流波形

由于多条线路同时发生单相接地故障，因而故障点所在线路 L2、L5 首端零序电流幅值与非故障线路零序电流幅值差异并不明显。非故障线路零序电流方向保持一致，故障线路稳态电流方向与其他三条馈线零序电流方向存在一定角度差异。

另外，对快速开关合闸后零序电流的变化特征进行计算，根据装置的动作特性，假设故障发生后 20ms 装置动作，即 $t=0.043\text{s}$ 时故障 C 相快速开关合闸，将母线 C 相金属性接地，仿真所得各馈线首端零序电流波形如图 3-20 所示。

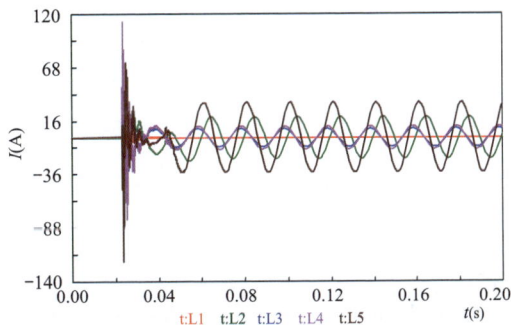

图 3-20　投入快速开关后多线单相接地故障过程馈线首端零序电流波形

金属性单相接地故障发生后，非故障馈线首端零序电流方向保持一致，经一定延时，当快速开关动作后，故障点所在线路 L2、L5 首端零序电流有明显的翻相过程，且与其他非故障线路零序电流方向存在一定的角度差。另外，投入快速开关后，故障线路的零序电流幅值明显大于非故障线路零序电流幅值。

3.3.3　故障选线方法

故障选线的主要依据是线路零序电流的变化特征，在单相接地故障过程中，故障点所在线路首端零序电流方向与其他非故障线路零序电流方向相反，而且故障线路零序电流幅值为其他所有非故障线路零序电流之和，幅值大于所有的非故障线路零序电流。另外，母线故障相快速开关合闸后，故障线路零序电流方向与开关动作前相反，幅值也稍有变化，而非故障线路的零序电流方向和幅值均保持不变。根据以上两个特征，在快速开关动作后可以通过各条线路首端零序电流录波，将开关动作前的特征和动作后的特征结合完成对故障线路的判断，以保证准确选出故障线路。由于零序电荷与零序电流的变化情况类似，但零序电荷的过渡振荡过程较短，可以同时监测零序电荷的方向和幅值，以保证故障选线的准确率。另外，对于高阻接地故障，基于故障线路零序电荷直流分量远远大于非故障线路，且快速开关动作时间对动作后的非故障线路的电荷直流分量影响可以忽略，可以将监测快速开关动作后一个周波内各线路的零序电荷直流分量作为高阻故障选线的方法。

根据对故障后零序电流特征的理论分析，制定快速开关型消弧装置中故障选线子程序，流程图如图 3-21 所示。

母线故障相快速开关动作合闸后，通过分析各条馈线首端的零序电流录波来判断发生

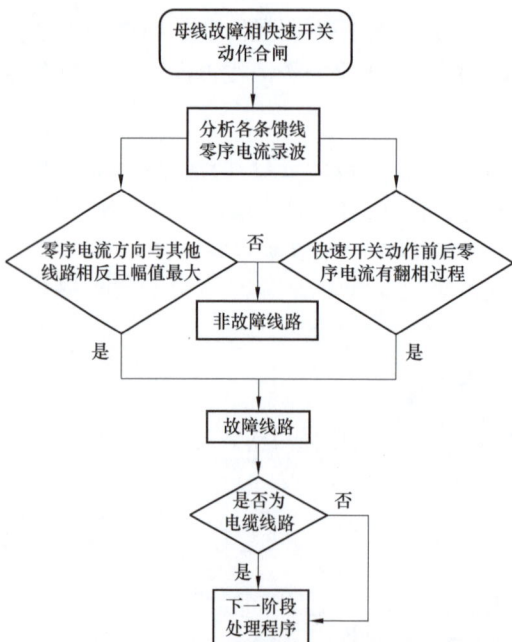

图 3-21　基于零序电流翻相特征的故障选线流程图

故障的线路。若快速开关合闸前，某一线路上零序电流与其他所有线路零序电流方向相反，且幅值大于其他线路，而且在母线快速开关动作前后其零序电流方向发生改变，则可判断该线路为故障线路；而上述两点只要一项不满足，即说明该线路为非故障线路。使用该方法可完成对配电网故障分支线路的选择。判断出故障线路后，再根据线路是电缆线路或架空线路来选择不同的处理方案。

根据对故障后零序电荷符号特征的理论分析，制定快速开关型消弧装置中故障选线子程序流程，与零序电流类似，如图 3-22 所示。

由于快速开关的动作为故障选线增加了有力的判据，且零序电荷在故障发生后基本无振荡过程，所以该选线方法的最大优点在于大大提高了选线的准确性，但由于要借助故障前后的电流波形进行判别，速动性略有影响。

根据对故障后零序电荷直流分量的理论分析，制定快速开关型消弧装置中故障选线子程序，流程图如图 3-23 所示。

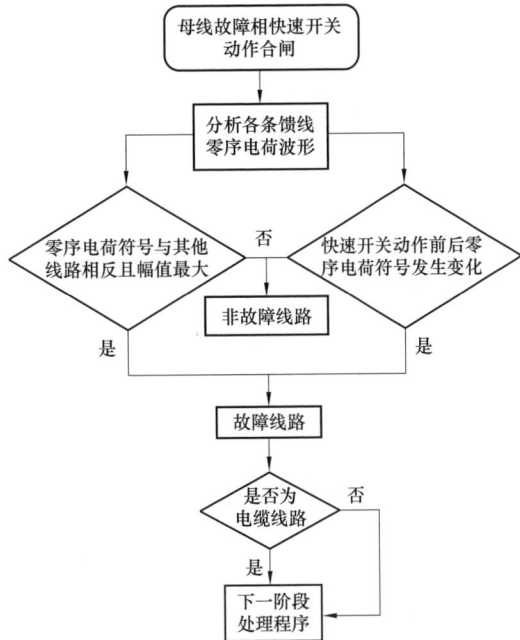

图 3-22 基于零序电荷符号特征的故障选线流程

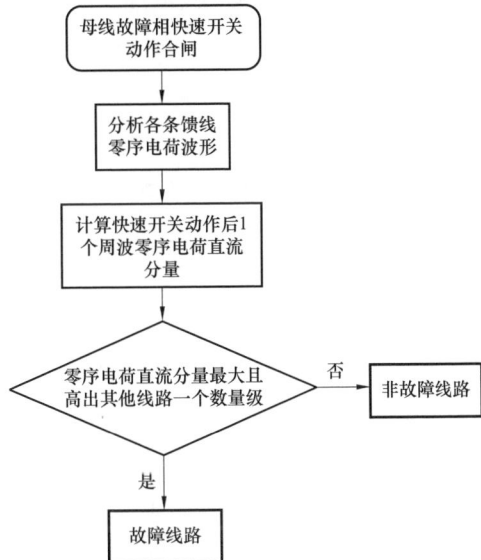

图 3-23 基于零序电荷直流分量的故障选线流程图

故障线路零序电荷直流分量远远大于非故障线路，且快速开关动作时间对动作后的非故障线路的电荷直流分量影响可以忽略，可以将监测快速开关动作后一个周波内各线路的零序电荷直流分量可以在高阻接地时准确选出故

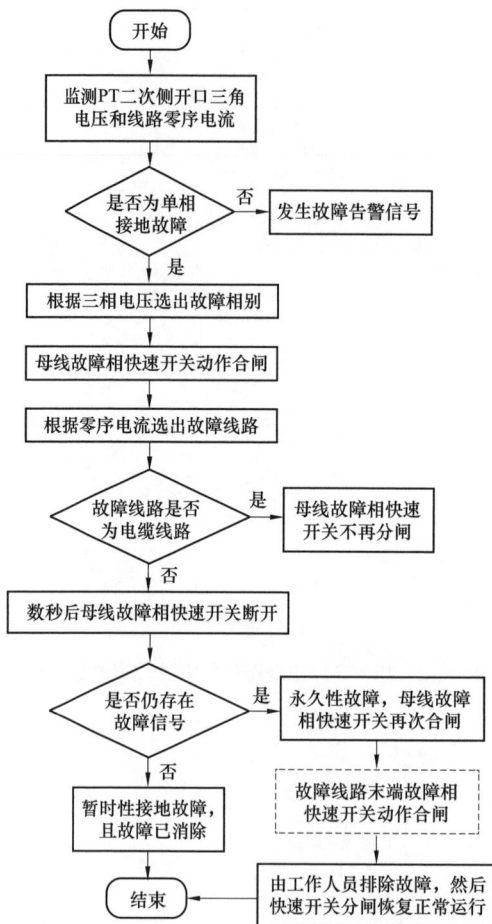

图 3-24 快速开关型消弧技术整体动作流程图

障线路。

根据以上分析，快速开关型消弧技术整体的动作流程如图 3-24 所示，其中简化了前文已详述过的故障判别、故障选相和故障选线流程。

系统通过检测电压互感器二次侧开口三角电压和线路零序电流判断是否发生单相接地故障，若判断发生的是单相接地故障，那么继续运行故障选相程序，选出发生故障的相别，然后向故障相母线快速开关发出合闸信号，一般故障判别和选相过程可在 10~15ms 内完成，若故障为金属性接地，甚至可缩短至 5ms，但是会牺牲部分可靠性；若发生高阻接地故障，考虑通信时间，故障判别和选相过程可能需要 20ms。故障相快速开关收到合闸信号后会迅速闭合，将故障点处接地电流转移到母线处，使故障

电弧熄灭并抑制电弧重燃，快速开关的合闸时间可以控制在 7ms，合闸后电弧几乎立即转移。所以，利用快速开关型消弧装置一般可在 20ms 左右实现消弧，最短甚至可以到 12ms，最长也不会超过 30ms。然后，根据选线结果识别发生故障的线路是否为电缆线路，由于电缆线路故障后绝缘不能恢复，必须排除线路故障才能重新恢复正常运行，因此快速开关合闸后不再分闸，电弧不会再次发展，同时保证故障点电压在安全电压以下，保护工作人员安全；若发生故障的线路为架空线，暂时性的弧光接地故障在开关闭合后数秒内就能够彻底消除，且绝缘也恢复到初始状态，断开快速开关后系统随即恢复正常运行，不会有接地故障信号；若架空线路上发生的是永久性接地故障，快速开关断开后，接地故障仍然存在，此时，母线故障相快速开关需要再次动作合闸，以转移故障点电流并保证工作人员的安全。这时，若故障线路末端

也安装有快速开关消弧装置，可以发出信号是故障线路末端的故障相快速开关动作合闸，即让故障线路的首端和末端故障相均保持金属性接地，进一步降低沿线电压，保证工作人员安全作业。

3.4 基于广域同步测量的单相高阻接地条件下故障定位方法

为保证单相高阻接地条件下故障定位的准确性，在综合对比多种方法的基础上，使用广域测量方法。该方法需要获得每个故障定位节点的三相同步电流数据来提取故障信息，因此采用无线传输的方式进行通信，通过高精度秒时钟信号进行暂态过程异地同步记录，实现故障定位。

3.4.1 单相高阻接地条件下故障定位困难原因和解决措施

单相高阻接地条件下故障定位由于多种原因，导致其定位精度难以保证，但基于特征分析，仍然可以找出合适现场判断的方法。

3.4.1.1 定位困难原因

（1）故障点接地电流小，各点零序电流大小接近时难以分辨。

1）理论上，故障点接地电流范围：最小为0（无穷大过渡电阻），最大数百安培（系统对地电容总电流）。

2）配电网络拓扑结构、线路条数和参数等决定的系统本身对地电容总电流偏小，只有几到数十安培。

3）经较高过渡电阻接地的情况，即使是中性点经小电阻接地的系统，高阻接地故障产生的零序电流也可能很小，故障检测、选线定位更困难。

（2）消弧线圈（过）补偿导致稳态故障特征被破坏：故障线路稳态零序电流幅值小且与非故障线路的方向相同。

（3）限于采集装置对电流的采样频率，同步时间精度较低，导致所得的零序电流波形失真度较大。

3.4.1.2 解决措施

要解决单相接地条件下故障定位难的问题，需要处理好以下几个问题：

（1）基于暂态录波法原理：暂态录波法可靠性最高且能支持永久性和瞬时性故障的检测。

（2）接地故障录波启动元件：选取系统中最能代表接地故障特征的零序电压作为启动元件，并解决好由此带来的大容量数据缓存、广域同步等技术难题。

（3）确保获得高质量的暂态零序电流波形：着力于提高同步精度、测量精度、采样频率等各项关键技术指标。

需要精确的广域同步测量的原因在于：

（1）零序电流是由分别安装于三相线路上的采集单元录波数据合成的，三个采集单元之间的时间同步导致的三相电流间的相位误差将带来合成零序电流的误差。如果由于同步误差引起的合成零序电流误差大于实际接地零序电流本身，必将导致故障选线和定位错误。

（2）当零序电流分布大小差别不明显时，需比较不同测量点零序电流波形的相似性（例如，故障点两侧零序电流方向相反或最不相似）。如果各测量点的电流数据不同步，则相似性比较的性能大大下降。

3.4.2 暂态零序电流分布特征

对于三相系统，由于各相线路间存在电磁耦合，即互感和分布电容影响，直接在相域分析单相接地故障的暂态过程十分困难。因此一般需要通过坐标变换，将相域系统变换为没有电磁耦合的模域系统。常用的对称分量变换（福特斯库变换，C.L.Fortescue）用于分析暂态过程较为复杂。双轴变换（派克变换，R.H.Park）主要用于分析对称故障。瞬时值对称分量变换的结果为复数，没有明确的物理意义。而克拉克（E.Clarke）变换在单相接地故障时不能获得简单的故障模型结构。因此，本书采用卡伦鲍厄（Karrenbauer）变换，将三相系统变化为没有耦合 0 模、1 模、2 模系统。以电流为例，Karrenbauer 变换的 0 模、1 模、2 模电流与相电流关系为

$$\begin{bmatrix} i_1 \\ i_2 \\ i_0 \end{bmatrix} = \begin{bmatrix} 1 & -1 & 0 \\ 1 & 0 & -1 \\ 1 & 1 & 1 \end{bmatrix} \begin{bmatrix} i_a \\ i_b \\ i_c \end{bmatrix} \tag{3-1}$$

其中 1 模电流和 2 模电流统称为线模分量；0 模电流称为地模分量，根据相模变换公式和对称分量法的变换公式可知，三相系统的 0 模分量与零序分量不仅参数和电气特征完全一致，其物理含义也相同，因此在叙述上对二者不加区分。

从模电流求取三相电流的变换为

$$\begin{bmatrix} i_a \\ i_b \\ i_c \end{bmatrix} = \begin{bmatrix} 1 & 1 & 1 \\ -2 & 1 & 1 \\ 1 & -2 & 1 \end{bmatrix} \begin{bmatrix} i_1 \\ i_2 \\ i_0 \end{bmatrix} \tag{3-2}$$

以 A 相接地故障为例，故障点的边界条件为

$$\begin{cases} u_a=0 \\ i_b=i_c=0 \end{cases} \qquad (3-3)$$

结合相模变换的关系，可以得到

$$\begin{cases} u_0+u_1+u_2=0 \\ i_0=i_1=i_2=\dfrac{1}{3}i_a \end{cases} \qquad (3-4)$$

单相接地故障时，相当于在故障点附加一个与故障前电压幅值相等、极性相反的虚拟电压源，根据边界条件，可以得到图 3-25 所示的基于分布参数的故障分量等效电路。图中 u_f 为虚拟电源，等于故障点故障前的反相电压；R_f 为故障点过渡电阻。

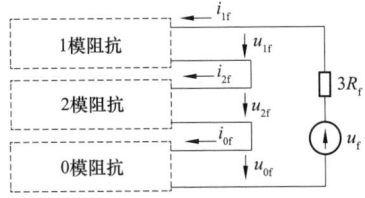

图 3-25　基于分布参数的故障分量等效电路

暂态过程由电感和电容之间的谐振产生，基于分布参数的故障模型含有多个谐振过程，暂态零序电流完整形式可表示为

$$i_{0f}=\sum_{i=0}^{n}e^{-\delta t}A_i\cos(\omega_i t+\alpha_i) \qquad (3-5)$$

式中：A 为幅值；ω 为角频率；α 为初相角；δ 为衰减因子。

由于单相接地故障时线路中的线模电流主要分布在故障线路上故障点至母线之间部分，健全线路和故障线路故障点至负荷段线模电流很小。因此，仅考虑零序网络，将图 3-25 用电气量参数替代并化简后，可得到图 3-26 所示的零序网络简化模型。

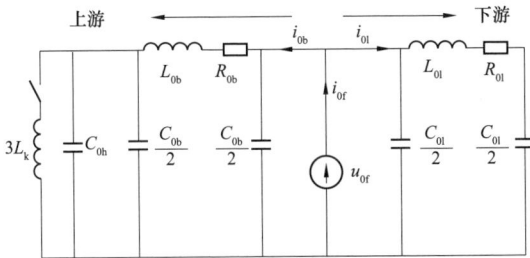

图 3-26　零序网络简化模型

故障点上游侧和下游侧的暂态过程可近似认为相互独立，故障点前后的暂态零序电流特征由各自的零序网络参数决定，并且故障点上游侧与下游侧

暂态零序电流的流向（即初始极性）相反。于是可通过分析暂态零序电流在线路上的分布特征，利用故障点前后暂态零序电流特征的差异实现故障定位。

3.4.2.1　故障点前后对地电容差异较大

对于一般配电系统，故障点下游线路长度远小于故障点上游线路（包括健全线路）长度之和。相应的，故障点下游线路的对地分布电容也远远小于故障点上游线路的对地分布电容。由于故障点上游侧和下游侧零序参数差异较大，从而导致两侧暂态电流差异较大，故障点下游方向零序电流暂态主谐振频率高，电流幅值小；而上游方向零序电流暂态主谐振频率低，电流幅值大。

由于消弧线圈对暂态过程影响较小，可以忽略其影响，无论对于不接地系统还是经消弧线圈接地系统，其暂态零序电流在系统内的分布均如图 3-27 所示，其分布规律有：

（1）故障点上游方向零序电流谐振频率低、幅值大，而下游方向零序电流谐振频率高、幅值小，二者差异较大，电流波形相似性低。

（2）对位于故障点同侧（同时位于故障点上游或下游）的两个相邻检测点，其暂态零序电流之差为其间线路的对地分布电容电流、数值较小，即二者的暂态零序电流幅值接近且频率差异不大，波形相似程度高。

（3）对于健全线路的各检测点（含线路出口处）和故障线路故障点下游各检测点，其暂态零序电流主要为其下游线路的分布电容电流。因此，暂态电流从母线流向线路，随到母线距离的增加幅值也不断减小，在线路末端接近于零。

（4）对于故障线路故障点上游检测点，暂态电流为其上游线路和所有健全线路对地分布电容电流之和，其暂态零序电流从线路流向母线，电流幅值随检测点到母线距离的增加而增大。一般而言，最靠近故障点的上游检测点处，暂态零序电流幅值是整个系统中最大的。

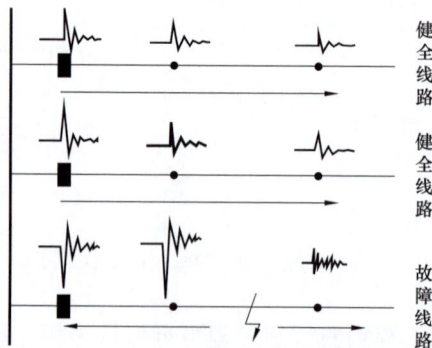

图 3-27　故障点前后对地电容差大时暂态零序电流分布

位于故障线路上故障点同侧或健全线路上的两个相邻检测点，其暂态零序电流幅值、频率接近，电流波形相似程度较高；而故障线路上位于故障点两侧的两个检测点，其暂态零序电流幅值、频率差异较大，电流波形相似性低。

3.4.2.2　故障点前后对地电容差异较小

对于某些配电系统，故障点下游线路比较长或多为电缆线路，导致故障点下游线路的对地分布电容虽然小于故障点上游线路（包括健全线路）的对地分布电容，但差异不大。此时故障点两侧暂态零序电流幅值和频率差异较小，但电流极性近似相反。忽略消弧线圈影响后，无论对于不接地系统还是经消弧线圈接地系统，其暂态零序电流在系统内的分布均如图 3-28 所示，其分布规律有：

（1）故障点上游方向与下游方向暂态零序电流频率与幅值差异较小，故障点下游暂态零序电流频率略高、幅值略小。但故障点上游与下游暂态零序电流极性近似相反，可认为电流波形相似性低。

（2）对位于故障点同侧（同时位于故障点上游或下游）的两个相邻检测点，其暂态零序电流之差为其间线路的对地分布电容电流、数值较小，即二者的暂态零序电流幅值接近且频率差异不大，波形相似程度高。

（3）对于故障线路故障点上游检测点，暂态电流为其上游线路和所有健全线路对地分布电容电流之和，其暂态零序电流从线路流向母线，电流幅值随检测点到母线距离的增加而增大。一般而言，最靠近故障点的上游检测点处，暂态零序电流幅值是整个系统中最大的。

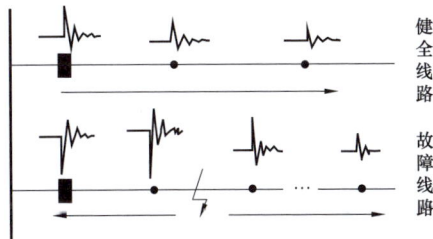

图 3-28　故障点前后对地电容差小时暂态零序电流分布

3.4.3　现有基于电流相性的定位方法

目前针对单相交阻接地条件下故障定位，已有学者研究出基于电流相性的定位方法，典型的判断方法如下文所示。

3.4.3.1 相关系数原理

在数学上一般用相关系数（Correlation Coefficient）来表示两个信号之间的相似性。两个连续信号 $x(t)$ 与 $y(t)$ 的相关系数定义为

$$\rho = \frac{\int_{-\infty}^{\infty} x(t)y(t)\mathrm{d}t}{\int_{-\infty}^{\infty} x^2(t)\mathrm{d}t \int_{-\infty}^{\infty} y^2(t)\mathrm{d}t} \qquad (3\text{-}6)$$

可以证明，相关系数 ρ 的计算结果介于 –1 与 +1 之间，即有 $|\rho| \leqslant 1$。相关系数的主要性质为：

（1）当 $\rho > 0$ 时，表示两信号正相关；$\rho < 0$ 时，两信号为负相关。

（2）当 $|\rho| = 1$ 时，表示两信号为完全相关关系，即两信号的波形完全一致。

（3）当 $\rho = 0$ 时，表示两信号不具有相关性，波形完全无关。

（4）当 $0 < |\rho| < 1$ 时，表示两信号有一定相关性，波形存在一定程度的相似性。且 $|\rho|$ 越接近 1，两信号的相似性越高；$|\rho|$ 越接近于 0，表示两信号的相似性越低。

一般情况下，可按照三级标准进行划分：$|\rho| < 0.4$ 时为低度相关；$0.4|\rho| < 0.7$ 为显著性相关；$0.7 \leqslant |\rho| < 1$ 为高度线性相关。

3.4.3.2 利用相关系数的方法

目前，广泛采用的是利用信号相关系数原理，检测暂态零序电流相似性的故障定位方法，即通过求取相邻检测点之间暂态零序电流的相关系数，判断 2 个电流波形是否相似。

相邻检测点之间暂态零序电流的相关系数 ρ 的计算公式为：

$$\rho = \frac{\sum_{n=1}^{N} i_{01}(n)i_{02}(n)}{\sum_{n=1}^{N} i_{01}^2(n) \sum_{n=1}^{N} i_{02}^2(n)} \qquad (3\text{-}7)$$

式中：i_{01}、i_{02} 分别为相邻 2 个检测点的暂态零序电流；n 为采样序列，采样起始点 $n=1$ 为故障发生时刻；N 为暂态零序电流信号的数据长度。

相关系数 ρ 反映了 2 个相邻检测点暂态零序电流波形的相似程度。对于非故障区段，区段两侧故障指示器检测到的暂态零序电流波形相似程度较高，相关系数 ρ 趋近于 1；对于故障区段（故障点所在区段），区段两侧故障指示器检测到的暂态零序电流波形相似程度很低，相关系数 ρ 接近于 0。依据此特征，依次计算故障线路各区段两侧暂态零序电流的相关系数并与所设定阈值进行比较，即可确定故障点所在区段。

该方法利用暂态电流波形的相似性进行定位，其原理是可行的。但现有算法设计较为简单，也不够合理，存在的问题主要有：

（1）认为相关系数均为正值，未考虑相关系数计算结果为负值的情况。

（2）只考虑了故障点上游电流幅值大频率低、故障点下游电流幅值小频率高的情况，忽略了故障点上下游电流频率、幅值相差不大的情况。

（3）通过信号平移计算相关系数最大值以减小信号不同步的方法，只考虑了信号的单向移动，设计不够合理，应使信号前后平移进行计算。

（4）直接使用原始相关系数计算结果进行定位，忽略了信号幅值不同对波形相似性的影响，应结合信号幅值对相关系数进行修正。

3.4.4　基于电流相似性定位方法的改进

由上节讨论可知，现有利用电流波形相似性的定位方法原理可行，但对细节考虑不足，难以满足工程的实际需要，需要对其进行完善和改进，使其达到实用化水平。

3.4.4.1　考虑相关系数极性

一般情况下，位于故障点同侧的两个相邻故障指示器，其暂态零序电流幅值、频率接近，电流波形相关系数绝对值 $|\rho|$ 接近于 1，大于所设定阈值；而位于故障点两侧故障指示器其暂态零序电流幅值、频率差异较大，电流波形相关系数绝对值 $|\rho|$ 接近于 0，小于阈值。但由于线路结构及参数多变，故障点上游和下游线路对地电容有可能相差不大，故障点上下游暂态零序电流频率和幅值差异较小、极性近似相反，导致位于故障点两侧故障指示器电流的相关系数计算值接近 –1，其绝对值可大于阈值。即如果单纯考虑相关系数幅值，则可能会出现误判。

位于故障点同侧的两个相邻故障指示器，其暂态零序电流波形相似且电流极性相同，所得电流波形相关系数大于零；位于故障点两侧的故障指示器，其暂态零序电流初始极性相反，在计算所得相关系数绝对值大于阈值时，相关系数应为负值。于是可结合相关系数极性进行判断，若某区段两侧故障指示器电流波形计算所得相关系数为负值，则认为该区段为故障区段。

3.4.4.2　减小采样不同步对算法的影响

相关系数法计算所用数据为区段两端故障指示器采集的暂态零序电流信号，要求 2 个故障指示器采集上报的信号保持同步。如果利用全球定位系统（Global Positioning System，GPS）装置对故障指示器进行对时，可实现各故障指示器精确采样同步，但投资较大且施工困难。现有数模转换（Digital to Analog, DA）系统一般通过主站对时的方式实现各故障指示器的同步，对时误差相对较大，可达几个毫秒，导致各故障指示器上传的电流信号不同步，会对相关系数计算结果产生影响，甚至引起误判。

在现有设备无法实现更精确对时的情况下，可以通过数学方法减少信号不同步造成的影响，以满足相关系数算法的计算要求。实现信号同步的关键问题就是令各故障指示器采集的暂态零序电流信号的故障起始时刻一致。对2个波形相似的信号，当信号起始时刻不同步时，首先固定其中一个信号作为基准信号，将另外一个信号的数据窗前后平移，同时求取相关系数，重叠性最好的点的相关系数幅值也最大，起始时刻相差最小，此时可以近似看作同步。对于2个波形相似性很低的暂态零序电流信号，二者几乎不相关，即使波形平移求取最大相关系数，所得最大相关系数也接近于0，仍然满足相关定位原理。

因此，可以采用波形平移法求取最大相关系数，减小故障起始时刻不同步带来的误差问题，保证算法的可靠性。计算相邻故障指示器暂态零序电流波形最大相关系数的步骤如下：

（1）根据示 DA 主站的对时精度设置电流信号前后平移的最大点数。使用 Δt 表示主站对时误差，一般为 1~3ms，则最大平移点数 $k_0 = f\Delta t$，其中 f 为信号采样频率。

（2）确定在波形平移范围内，对应相关系数幅值最大的波形平移点数为 k'_0，则

$$
\begin{aligned}
&\left| \sum_{k=1}^{K} i_{0m}(k-k'_0) i_{0n}(k) \right| \\
&= \max \left[\left| \sum_{k=1}^{K} i_{0m}(k-k_0) i_{0n}(k) \right|, \left| \sum_{k=1}^{K} i_{0m}(k-k_0+1) i_{0n}(k) \right|, \cdots, \left| \sum_{k=1}^{K} i_{0m}(k+k'_0) i_{0n}(k) \right| \right]
\end{aligned} \tag{3-8}
$$

式中：i_{0m} 和 i_{0n} 为 2 个故障指示器的暂态零序电流采样信号；m、n 代表故障指示器的编号；k 表示采样序列；K 为暂态零序电流信号的数据长度；式中超出暂态电流信号长度的数据均用 0 代替。

（3）相邻两故障指示器暂态零序电流信号的最大相关系数为

$$
\rho_{nm} = \frac{\sum_{k=1}^{K} i_{0m}(k-k'_0) i_{0n}(k)}{\sqrt{\sum_{k=1}^{K} i_{0m}^2(k) \sum_{k=1}^{K} i_{0n}^2(k)}} \tag{3-9}
$$

3.4.4.3 幅值差异对相关系数进行修正

由相关系数的性质可知，两信号波形的相关系数仅仅表明了信号波形的相似程度，无法体现信号的幅值差异。例如两个同频率的正弦波信号，只要初相角相同，无论两信号幅值相差多少，其相关系数总为1。

位于故障点同侧两个相邻故障指示器，其暂态零序电流幅值、频率接近，电流波形相似性较高；而位于故障点两侧的两相邻故障指示器，其暂态零序电流的幅值、频率一般差异较大，电流波形相似性低。为了更准确地表达电流波形的相似性，应该考虑电流幅值的影响，使用信号幅值对相关系数计算结果进行修正。对相关系数进行修正的步骤如下：

（1）计算故障线路上所有故障指示器的暂态零序电流幅值，并记录最大电流幅值，即

$$E_{\max} = \max\left[\sum_{k=1}^{K} i_{0j}^2(k)\right] \qquad (3-10)$$

式中：i_{0j} 为故障线路上各故障指示器的暂态零序电流信号；j 为故障指示器编号，$j=1$，2，3，…

（2）修正后相关系数记为 γ_{mn}，其计算公式为

$$\gamma_{mn} = \rho_{mn} - (1-|\rho_{mn}|) \frac{\left|\sum\limits_{k=1}^{K} i_{0m}^2(k) - \sum\limits_{k=1}^{K} i_{0n}^2(k)\right|}{E_{\max}} \qquad (3-11)$$

3.4.4.4 设定相关系数阈值

设定一相关系数阈值 γ_T，分别与故障线路各区段修正后的相关系数进行比较，若 $\gamma_{mn} \geq \gamma_T$，则判定该区段为健全区段；若 $\gamma_{mn} < \gamma_T$，则判定该区段为故障区段。相关系数阈值可根据故障线路各区段相关系数值自适应设定，并限制在一个合理的范围内。令

$$\gamma_{th} = \frac{k}{N}\sum\gamma_{mn} \qquad (3-12)$$

式中：γ_{th} 为计算相关系数；γ_{mn} 为故障线路上各区段的相关系数；N 为参与计算的区段总数；k 为阈值计算系数，一般可令 $k=0.8$。相关系数阈值 γ_T 的取值范围可设为 $\gamma_T \in [0.2, 0.5]$，则 γ_T 的设定规则为：

（1）若 $0.2 \leq \gamma_{th} \leq 0.5$，则 $\gamma_T = \gamma_{th}$；

（2）$\gamma_{th} > 0.5$，则 $\gamma_T = 0.5$；

（3）$\gamma_{th} < 0.2$，则 $\gamma_T = 0.2$。

3.4.4.5 定位流程

基于暂态零序电流相似性的方法进行故障定位的主要流程为：发生接地故障时，零序电压必然会有变化，所以本系统引入在变电站处测量的开口三角电压（零序电压），采用零序电压作为接地短路故障突变量起动元件，采用线路高精度微型同步测量终端沿线测量的三相电流合成的零序电流进行故障定位。

具体流程顺序为：

（1）变电站处的零序电压测量装置捕获开口三角电压的突变，并传送带有时间标签电压数据至大数据分析平台。

（2）大数据分析平台根据时标发起录波召测，获得突变时刻所有线路微型同步测量终端测得的零序电流数据。

（3）大数据分析平台计算每组测量终端安装地点流过的零序电流，并采用自适应的故障定位算法（互相关）进行计算。

（4）然后使用故障线路上各点暂态零序电流数据计算各区段零序电流相关系数并进行修正，然后计算相关系数阈值。

（5）平台从故障线路出线口处开始向线路末端搜索，确定故障区段。搜索过程为：首先将第 1 个故障指示器与第 2 个故障指示器间区段的相关系数 γ_{01} 与阈值进行比较，若 $\gamma_{01}<\gamma_T$，则确定为故障区段；否则为非故障区段，然后将第 2 个故障指示器与第 3 个故障指示器间区段的相关系数与阈值比较，如此类推，直至找到故障区段为止。若直到线路最后 1 个故障指示器仍未找到故障区段，则认为故障点位于最后 1 个故障指示器之后。有些情况下，故障点下游线路较短，故障点下游线路的对地电容电流微弱，下游故障指示器检测不到零序电流信号，此时沿线找到第 1 个检测不到零序电流信号的故障指示器，其与上游相邻故障指示器之间的线路区段即为故障区段。

3.4.4.6 仿真验证

接地电阻设为 10Ω，仿真故障发生在不同电压初相角时的情况，配电网系统如图 3-29 所示。首先对消弧线圈补偿系统进行仿真，一次仿真试验中，电压初相角为 $30°$，图 3-30 所示为故障点上游健全区段 MN 两侧的零序电流波形，图 3-31 所示为故障区段 NP 两侧的零序电流波形，图 3-32 所示为故障点下游健全区段 PQ 两侧的零序电流波形。

接地电阻设为 10Ω，电压初相角为 $90°$，图 3-33 所示为故障点上游健全区段 MN 两侧的零序电流波形，图 3-34 所示为故障区段 NP 两侧的零序电流波形，图 3-35 所示为故障点下游健全区段 PQ 两侧的零序电流波形。

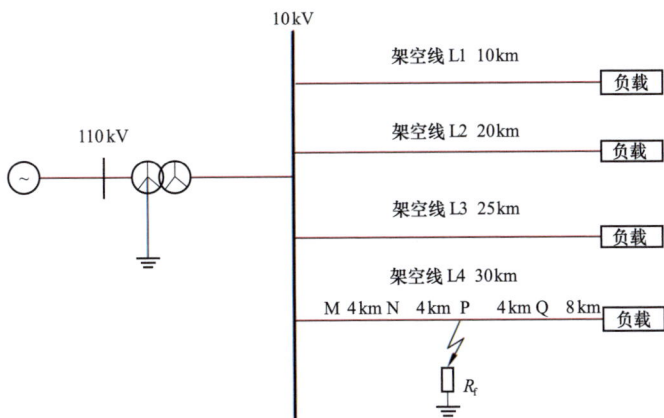

图 3-29　架空线路辐射状配电网系统

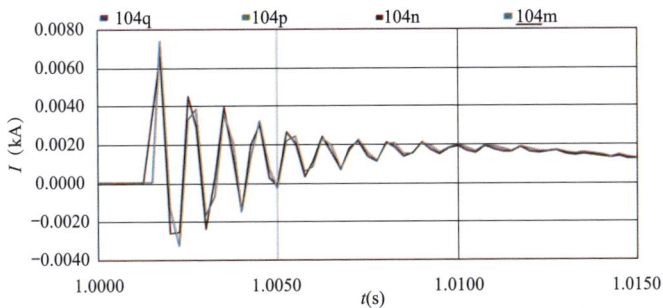

图 3-30　健全区段 MN 两侧零序电流波形

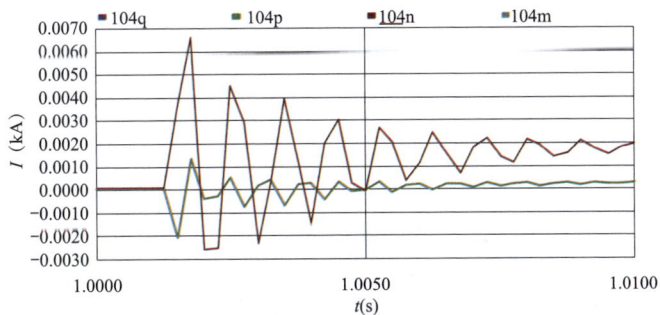

图 3-31　故障区段 NP 两侧零序电流波形

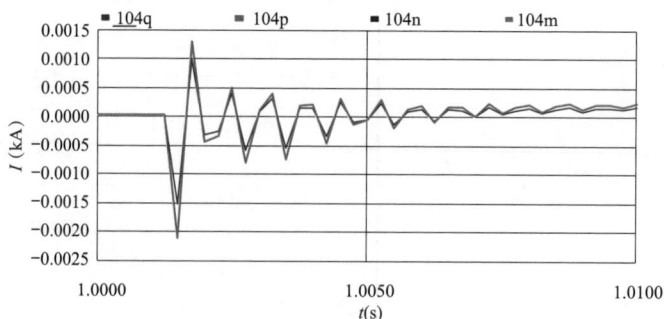

图 3-32　故障点下游健全区段 PQ 两侧零序电流波形

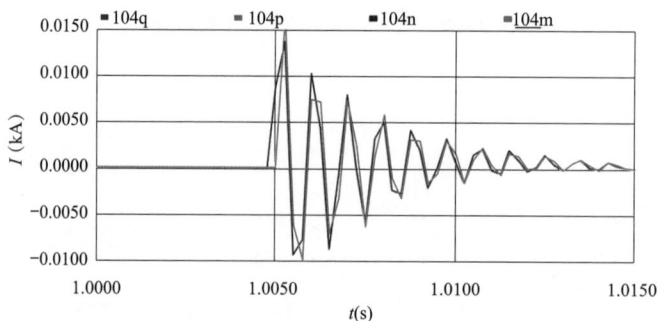

图 3-33　故障点上游健全区段 MN 两侧零序电流波形

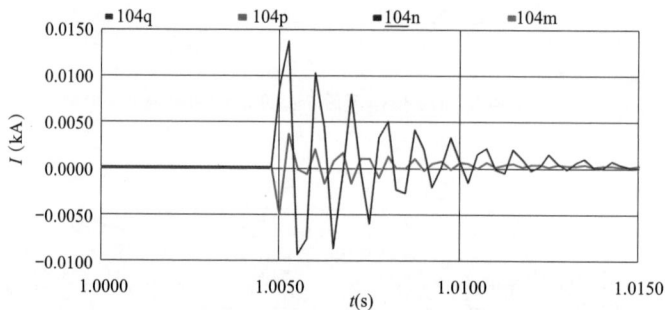

图 3-34　故障区段 NP 两侧零序电流波形

由上述仿真结果可以得出以下结论：

（1）一般情况下，位于故障线路上故障点同侧的两个相邻检测点，其暂态零序电流幅值、频率接近，电流波形相似程度较高，相关系数趋近于 1；而位于故障点两侧的两个检测点，其暂态零序电流幅值、频率差异较大，电流波形相似性低，相关系数趋近于 0。

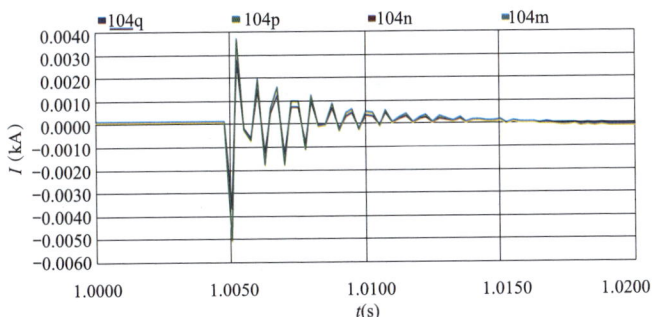

图 3-35　故障点下游健全区段 PQ 两侧零序电流波形

（2）某些特殊情况下，位于故障点两侧的两个检测点，其暂态零序电流幅值、频率差异不大，电流波形相似性较高，但电流初始极性相反，相关系数为负值。可将此暂态零序电流相似性特征用于故障定位，通过计算故障线路上各相邻检测点暂态电流的相关系数，并与所设定的阈值进行比较，确定故障点所在区段。

（3）通过增加幅值差异对相关系数的修成，考虑采样不同步对算法影响等因素可以提高定位算法准确度。

3.4.5　故障定位系统总体结构

为了实现单相的故障定位，避免因测量不同步导致的误判，通过采用基于改进电流相似度的故障定位方法，形成系统配置方案，从而提高故障定位效果。

3.4.5.1　同步测量终端结构组成

广域测量需要获得每个故障定位节点的三相同步电流数据以提取故障信息。若使用信号线缆将三相的装置连接，则增大了相间短路的风险，为线路安全考虑，三相间不宜使用有线的方式进行连接。本书均采用无线的方式实现通信。每一相的装置都由三个功能单元组成，分别为电流传感单元、数据采集终端以及感应取能电源，电流传感单元包含 0.5 级电流互感器及信号调理放大电路。线路从电流互感器中穿过，感应线路电流并产生电压信号，经调理后送至数据采集终端进行采样。数据采集终端以低功耗处理器为主控制器，GPS 模块用于同步测量，并配备通用分组无线业务（General Packet Radio Service，GPRS）模块，用于与远程监控主站通信。感应取能电源的磁芯通过电磁感应从线路电流中获取能量，经过整流滤波电路为数据采集终端供电，结构如图 3-36 所示。

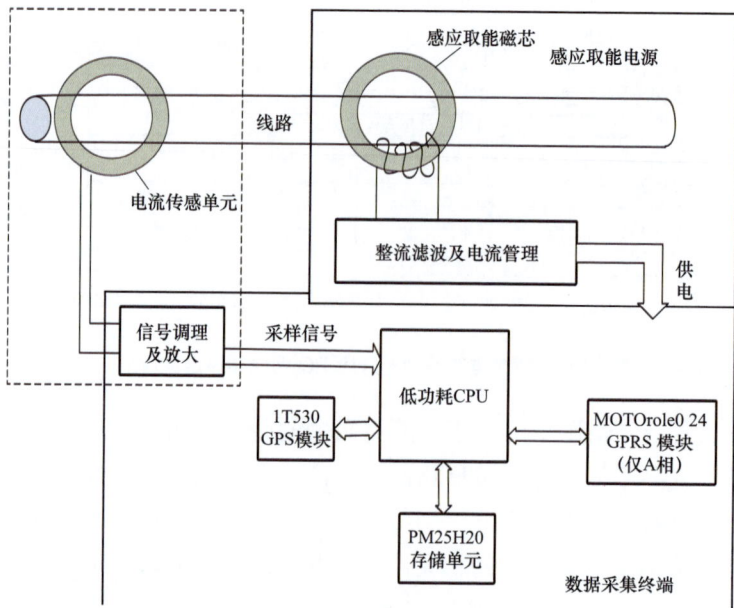

图 3-36　同步测量终端结构

3.4.5.2　高精度同步测量方法

电力系统暂态分析、暂态保护、行波定位及故障检测等领域都要求对电力系统暂态过程进行记录分析，而且一般需要对电力系统异地测量点观察到的暂态过程进行超高速同步记录。通常，故障录波装置 AD 采样率（仅为 1～5kHz）难以满足要求，虽然一些高速 AD 采集卡的采样频率很高（可达 50MHz），但一般不具备同步时标信号，难以实现异地测量点的同步测量。采用高精度秒时钟信号进行暂态过程异地同步记录的方法可以有效解决上述问题，原理如图 3-37 所示。

GPS 同步暂态过程记录装置由 GPS 同步的高精度时钟发生器、高速数据采集部分及微型计算机等组成。GPS 同步的高精度时钟发生器包括 GPS 接收机、锁存器 1、24 位计数器、比较器及 10MHz 恒温高精度晶振等组成。10MHz 恒温高精度晶振产生 10MHz 振荡信号，经 24 位计数器计数，计数结果与整定值比较，当两者一致时，产生修正后的秒脉冲信号。GPS 接收机产生的 GPS 秒脉冲信号锁存计数结果，由 CPU 记录 GPS 时钟的随机误差。CPU 根据 GPS 随机误差序列和整定值序列，并计算 GPS 秒时钟与晶振秒时钟的偏差序列，并对 GPS 秒时钟的方差 σ^2、晶振秒时钟序列与计数器的初始误差 a、反映晶振秒时钟周期误差的参数 b 及反映晶振秒时钟周期误差漂移的参数 c 进行最小二乘估计。由 σ^2 的估计值判断 GPS 接收机的工作状况，当接收机工作正常时，由当前估

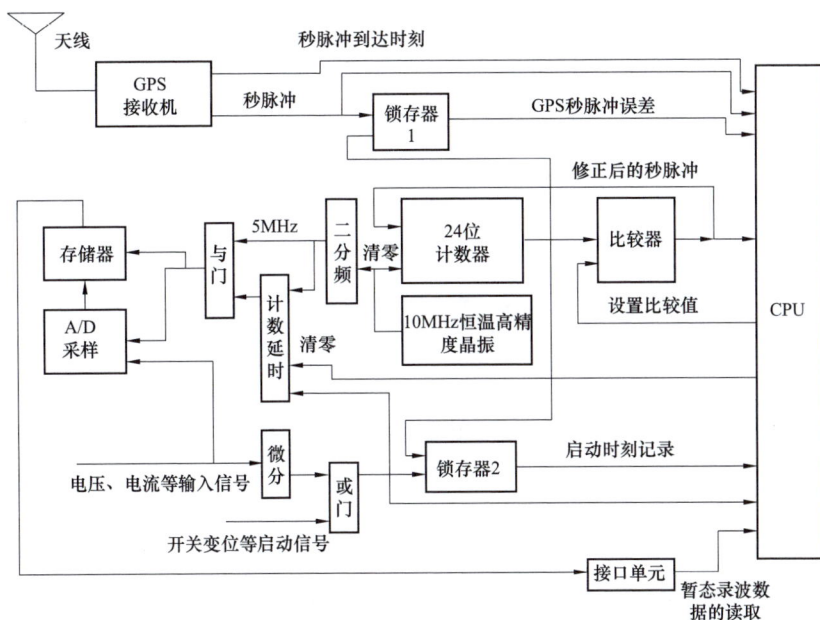

图 3-37 暂态过程同步记录装置原理

计的参数计算晶振秒脉冲的补偿值；当接收机工作不正常时，则由不正常工作以前估计的参数计算补偿值。然后，生成对晶振秒时钟修正的比较值，通过调整比较值来消除晶振秒脉冲的累计偏差，使修正后的秒脉冲偏差小于 1μs。

3.4.6 故障定位配置方案

故障定位系统可利用高精度微型同步测量终端以及大数据分析进行配电网故障定位。微型终端可安装于架空线、地下电缆出入口和变压器套管等位置，完成对电流、温度和电压等数据的高精度测量和远传；大数据分析软件负责接收、存储和分析来自各终端的海量数据，可部署于客户自建服务器或配电网自动化主站系统。其中的微型同步测量终端技术采用多种高级智能算法联合对广域同步数据进行分析，实现精确故障选线和定位，广域数据采样同步，所有终端采样数据带有时标，同步时间精度 1μs，且可以达到完全自供电，安装省时省力。

大数据分析软件通过对配电网广域同步数据的挖掘分析可实现准确的故障检测、选线和定位，并自动通知检修人员。对于继电保护不能反应跳闸的 6、10kV 和 35kV 小电流接地系统的单相接地短路，系统可根据客户需要输出信号实行故障自动隔离，单相接地短路故障选线和定位准确性高。

典型的终端配置方案示意图如图 3-38 所示，推荐如下：

方案一：故障选线。母线每条出线的出口各安装 1 组微型终端。

方案二：故障定位。在方案一基础上，线路重要节点处各安装 1 组终端，可实现故障准确定位和隔离。沿线安装越多，隔离停电区域越小，抢修恢复供电越快。

方案三：高级同步监测系统。在方案二基础上，母线和线路末端各安装一组。测量三相电压的微型终端，可获得实时潮流状态及线损分布等。

3.4.7　试点案例

在银川市金凤区盈北 110kV 变电站部署了基于广域同步测量的故障定位系统，验证了该系统的有效性。

3.4.7.1　多次单相接地故障案例分析

整个配电区域内安装了 1 套零序电压测量装置和 6 套分布式录波装置覆盖了 524 盈教二回线和 526 新联西线共两条线路，如图 3-39 所示。故障发展过程如表 3-23 所示。

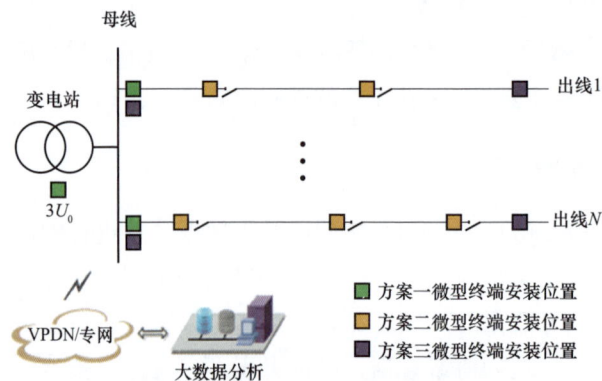

图 3-38　典型终端配置方案示意图

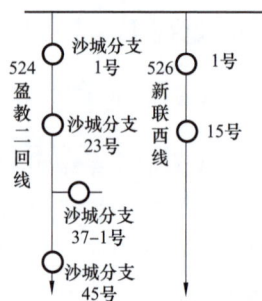

图 3-39　测量装置配置图

表 3-23　　　　　　　　　　　故障发展过程

过程	时间	故障记录情况
1.526 新联西线单相接地	2018-02-21 12：01：40.557109	零序电压 $3U_0$ 升高到 100V 左右（有效值），526 新联西线 15 号杆之后的区域 C 相发生瞬时性接地故障。
2. 接地故障消失	2018-02-21 12：01：40.814375	零序电压 $3U_0$ 降低到 0V 左右（有效值），故障发生约 0.25s 后消失

过程	时间	故障记录情况
3.零序电压 $3U_0$ 报警	2018-02-21 12：02：00.836250	零序电压 $3U_0$ 升高到 100V 左右（有效值）
4.零序电压 $3U_0$ 报警复归	2018-02-21 12：02：01.294375	零序电压 $3U_0$ 降低到 0V 左右（有效值）
5.零序电压 $3U_0$ 报警	2018-02-21 12：02：02.611641	零序电压 $3U_0$ 升高到 100V 左右（有效值）
6.零序电压 $3U_0$ 报警复归	2018-02-21 12：02：17.374375	零序电压 $3U_0$ 降低到 0V 左右（有效值），消弧柜分闸动作
7.526 新联西线单相接地	2018-02-21 12：12：15.435234	零序电压 $3U_0$ 升高到 100V 左右（有效值），526 新联西线 15 号杆之后的区域 C 相发生瞬时性接地故障，消弧柜合闸动作，故障线零序电流转移
8.接地故障消失	2018-02-21 12：12：30.094375	消弧柜分闸动作，零序电压 $3U_0$ 降低到 0V 左右(有效值)，故障发生约 15s 后，消失
9.零序电压 $3U_0$ 报警	2018-02-21 12：12：39.818203	零序电压 $3U_0$ 升高到 100V 左右（有效值）
10.零序电压 $3U_0$ 报警复归	2018-02-21 12：12：54.194375	零序电压 $3U_0$ 降低到 0V 左右（有效值），消弧柜分闸动作
11.526 新联西线单相接地	2018-02-21 12：21：19.523984	零序电压 $3U_0$ 升高到 100V 左右（有效值），526 新联西线 15 号杆之后的区域 C 相发生接地故障，消弧柜合闸动作，故障线零序电流转移
12.故障消失	2018-02-21 12：21：33.814375	消弧柜分闸动作，零序电压 $3U_0$ 降低到 0V 左右(有效值)，故障发生约 14s 后消失
13.零序电压 $3U_0$ 报警	2018-02-21 12：21：39.082891	零序电压 $3U_0$ 升高到 100V 左右（有效值）消弧柜合闸动作
14.零序电压 $3U_0$ 报警复归	2018-02-21 12：21：53.894375	零序电压 $3U_0$ 降低到 0V 左右（有效值），消弧柜分闸动作

3.4.7.2　瞬时性单相接地故障典型波形分析

（1）启动判据。从图 3-40 可以看出，故障发生时，零序电压会突变到 158V 左右。故障持续 250ms 左右消失。

（2）故障选线。图 3-41（a）为故障初始发生时刻各条线路首端装置的三相电流录波波形，图 3-41（b）为故障初始发生时刻各条线路首端装置的三相电流合成的零序电流。526 新联西线的零序电流峰值最大（451.5A），且方向和其他线路相反，可以判定故障位于 526 新联西线。

（3）故障定位。图 3-42 为故障初始发生时刻 526 新联西线上两套设备的零序电流，波形基本一样，所以判定故障位于 526 新联西线 15 号杆之后的区域。

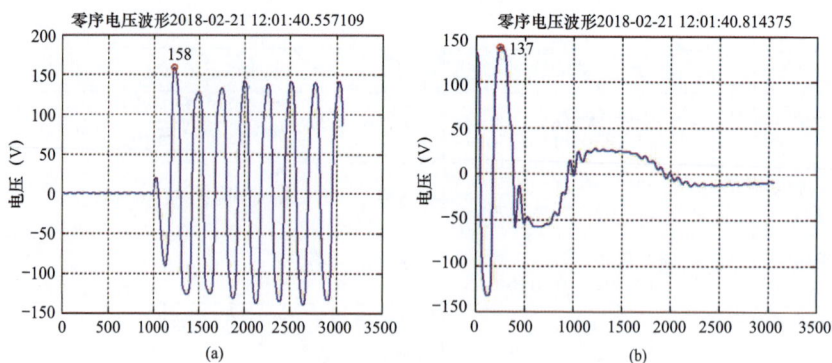

图 3-40 零序电压波形

(a) 峰值最大 158V；(b) 持续 250ms

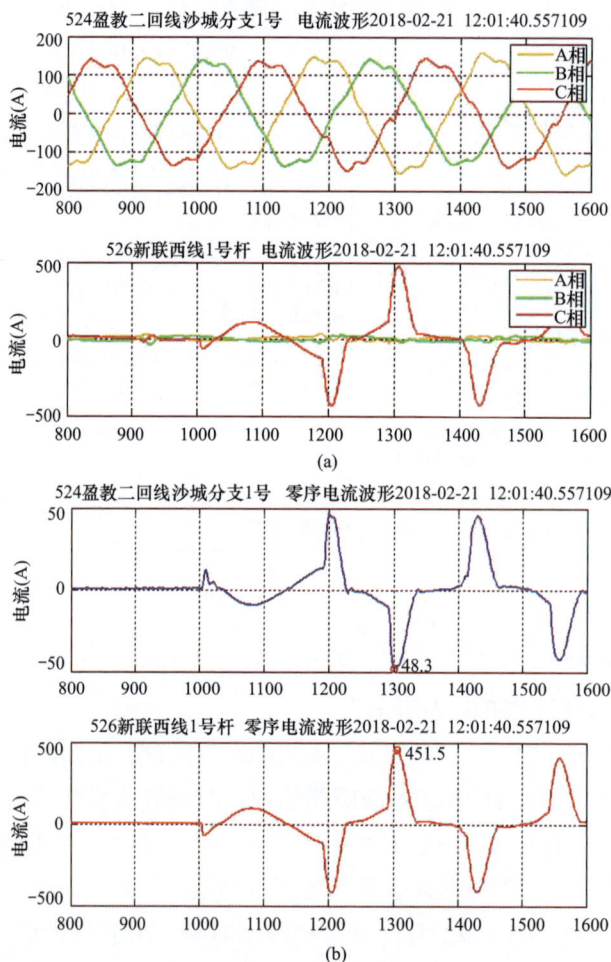

图 3-41 不同线路电流波形

(a) 三相电流录波形；(b) 零序电流

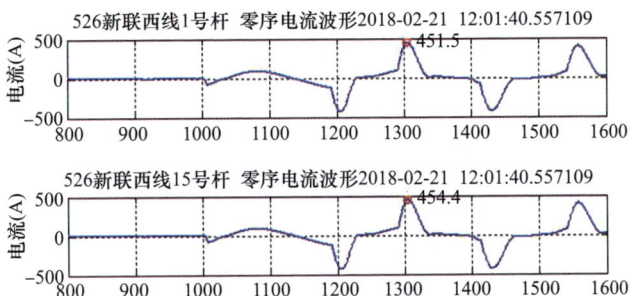

图 3-42 不同点零序电流波形

（4）故障选相。从相电流故障分量可以明显看出是 C 相故障，如图 3-43 所示。

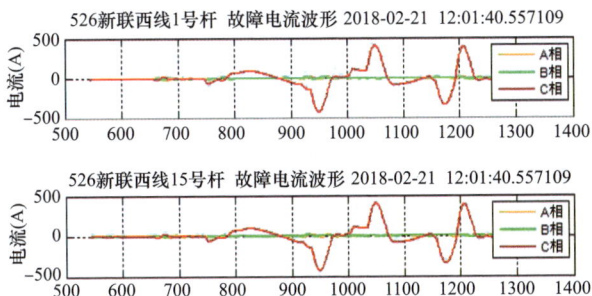

图 3-43 不同点各相电流波形

3.4.7.3 单相接地故障典型波形分析

（1）启动判据。从图 3-44 可以看出，故障发生时，零序电压会突变到 174V 左右。故障持续 15s 之后消失。

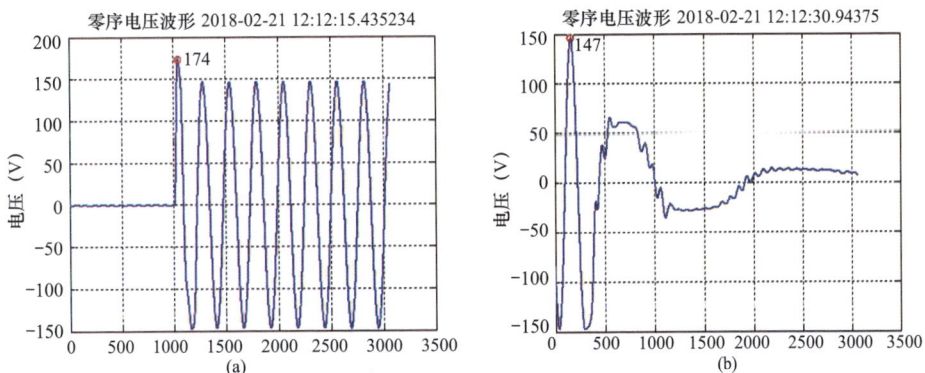

图 3-44 零序电压波形

(a) 峰值最大 174V；(b) 持续 15s

（2）故障选线。图 3–45（a）为故障初始发生时刻各条线路首端装置的三相电流录波波形，图 3–45（b）为故障初始发生时刻各条线路首端装置的三相电流合成的零序电流。526 新联西线的零序电流峰值最大（448.9A），且方向和其他线路相反，可以判定故障位于 526 新联西线。

（3）故障定位。图 3–46 为故障初始发生时刻 526 新联西线上两套设备的零序电流，波形基本一样，所以判定故障位于 526 新联西线 15 号杆之后的区域。

（4）故障选相。从相电流故障分量可以明显看出是 C 相故障，如图 3–47 所示。

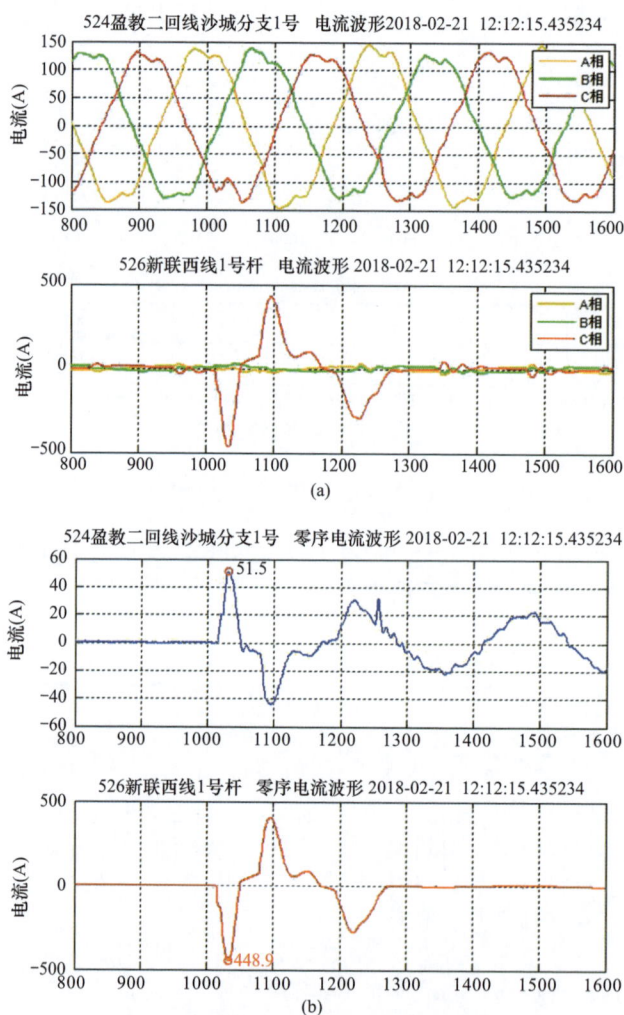

图 3–45 不同线路电流波形
(a) 三相电流录波波形；(b) 零序电流

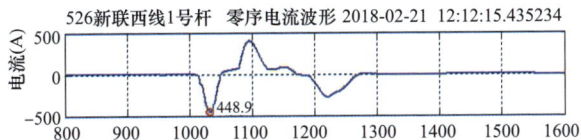

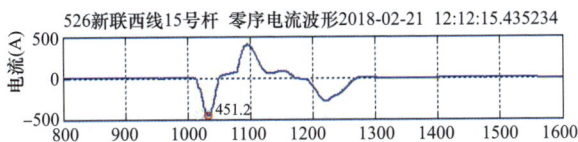

图 3-46 不同点零序电流波形

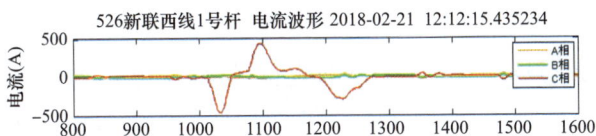

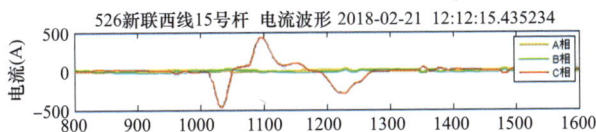

图 3-47 不同点各相电流波形

基于广域同步测量的故障定位系统准确指示了数次故障发生时刻、持续时间、故障区段和故障相别，并且清晰地记录了故障发展全过程。针对该区域的多次瞬时性接地，可通过巡线有针对性地查找接地绝缘薄弱点可做到预防消缺，避免可能的永久性接地故障发生。

快速开关型消弧消谐装置研制及试运行

前文中已经分析基于快速开关消弧消谐技术的单相接地故障选线及定位方法，基于理论分析的基础上，需要进行样机的研发，并进行工程应用，验证其有效性。下面将讨论快速开关型消弧消谐装置的研制及试运行。

4.1　样机研制

快速开关消弧消谐装置由站内快速开关消弧消谐装置（包括站内选线模块）、一级分站选线装置、二级分站选线装置、分相户外柱上接地开关、各装置的通信模块及系统通信主站构成，针对不同指标，需要进行优化设计来实现故障的主动干预功能。

4.1.1　设计依据

装置整体研发所依据的标准如下，其中未标明年号的标准，其最新版本（包括所有的修改单）适用于本书。

GB/T 311.1　高压输变电设备的绝缘配合

GB/T 16434　高压架空线路和发电厂、变电所环境污区分级及外绝缘选择标准

GB 763　交流高压电器在长期工作时的发热

GB 5273　变压器、高压电器和套管的接线端子

GB 191　包装贮运标志

GB 4109　交流电压高于 1000V 的套管通用技术协议

DL/T 620　交流电气装置的过电压保护和绝缘配合

GB 3906　3.6kV~40.5kV 交流金属封闭开关设备和控制设备

GB 2706　高压电器动稳定

GB/T 14549　电能质量　公用电网谐波

GB/T 17626.2　电磁兼容试验和测量技术　静电放电抗扰度试验

GB/T 17626.4　电磁兼容试验和测量技术　电快速冲群抗扰度度验

GB/T 17626.5　电磁兼容试验和测量技术　浪涌（冲击）抗扰度试验

GB/T 17626.6　电磁兼容试验和测量技术　射频场感应的传导骚扰抗扰度

GB/T 17626.7　电磁兼容试验和测量技术　供电系统及所连设备谐波、谐间波的测量和测量仪器导则

GB/T 17626.8　电磁兼容试验和测量技术　工频磁场抗扰度试验

GB/T 17626.9　电磁兼容试验和测量技术　脉冲磁场抗扰度试验

GB/T 17626.10　电磁兼容试验和测量技术　阻尼振荡磁场护抗扰度试验

GB/T 17626.11　电磁兼容试验和测量技术　电压暂降、短时中断和电压变化抗扰度试验

GB/T 17626.12　电磁兼容试验和测量技术　振荡波抗扰度试验

Q/SH 01–2008　SHK–KX 开关消弧装置

GB/T 11022　高压开关设备和控制设备标准的共用技术要求

GB 1208　电压互感器

4.1.2　主要开发目标

研发的装置可以将配电网单相接地故障产生的不稳定间歇性弧光接地转换为稳定的金属接地，缩短短路电流的持续时间，并且准确快速确定故障线路，保障人身、电网的安全。

4.1.2.1　装置总体开发目标

站内快速开关消弧消谐装置是整套装置的核心，要求准确判断出故障相，并且可靠动作。

（1）装置工作原理。站内快速开关消弧消谐装置主要由全绝缘电压互感器 TV、可分相控制的快速接地开关 JD、带电显示器 CGQ、三相组合式过电压保护器 BOD、高压隔离开关 GD、熔断器 RD、半导体自限流抑制器 DR、电流互感器 TA 等组成，见图 4–1。

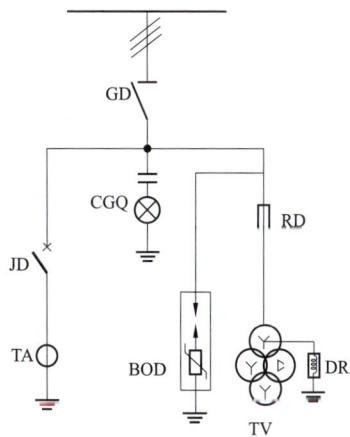

图 4–1　快速开关消弧及选线装置原理图

系统正常运行时，装置面板显示系统运行电压、开口三角电压以及装置运行状态；当开口三角电压 ΔU 由低电平变成高电平时，表明系统发生故障，微机综合控制器 ZK 立即启动中断，进入故障类型判别和线路零序电流的数据采集程序，微机综合控制器根据电压互感器二次输出信号 U_a、U_b、U_c，进行单相接地、断线运行等故障类型和相别的判断。

当系统发生单相接地故障时，则在 3ms 之内控制故障相接地开关合闸，将故障相直接接地，熄灭接地电弧，并将弧光接地过电压限制在线电压的水平，控制故障的发展。

同时小电流选线模块根据电弧熄灭前后只有故障线路零序电流变化最大，而非故障线路基本不变这一重要特征（即最大增量原理），准确地给出故障线号。

当发生断线故障时，装置发出报警信号并输出开关量接点，以便用户对有可能因断线运行导致误动作的继电保护进行闭锁。

（2）装置开发目标。根据工作原理，需要达到以下指标。

1）参数要求。参数要求如表 4-1 所示。

表 4-1   消弧消谐装置参数要求

参数类型	参数名称	数值范围	单位
额定参数	额定电压	10	kV
	额定电流	1250	A
	额定频率	50	Hz
绝缘水平	1min 工频耐受电压	42	kV
	雷电冲击耐受电压	75	kV
开断能力	额定短路开断电流	40	kA
	2s 额定短时耐受电流	40	kA
	额定峰值耐受电流	100	kA
机械特性	主回路直流电阻	< 100	$\mu\Omega$
	合闸时间	< 7	ms
	分闸时间	< 3	ms
装置特性	接地选相时间	≤ 3	ms
	接地电流转移时间	≤ 10	ms
	电流转移后接地点残压	≤ 36V	V
	单相重量	< 1000	kg
	外形尺寸	不大于 $\Phi1000 \times 1000$	mm
工作电源	—	DC/AC 220V	—

2）功能要求。

a. 运行监测功能。正常运行时装置面板上显示系统运行电压，并可与上一级实现数据远传，还能向外部回路提供二次电压信号，取代常规的电压互感器柜及其监测仪表。

b. 接地故障控制功能。系统发生单相接地故障时，装置能在 3ms 之内将故障相直接接地，装置控制器发出报警并输出继电器接点信号，熄灭接地电弧，将非故障相的弧光接地过电压限制在线电压的安全水平，有效地控制故障的进一步发展，并能维持系统带单相接地故障至少运行 2h，以保证足够的倒闸操作时间。同时控制器需要联动控制架空线路的户外柱上开关，当总站合闸立即发出信号合户外柱上分相开关，当总站分闸立即发出信号分户外柱上分相开关。同时对户外柱上分相开关的状态进行监控。

c. 接地选线功能。作为总站选线控制装置，能对各分站选线数据接收并综合判断，找出具体故障线路；基于最大增量原理的小电流选线模块，根据电弧熄灭前后各条线路零序电流的变化，快速准确地选出故障线路，并在面板上给出故障线号。无论消弧装置接地保护功能是否投入运行，小电流选线装置应能正常工作。

d. 自动恢复功能。装置动作 30s 后自动复位一次，若属于瞬时性接地故障则不再动作，系统恢复正常运行，若属于永久性接地故障则故障相接地开关再一次合闸后不再分闸。装置具有远方复位的功能，满足无人值守变电站的要求。

e. 短路保护功能。若装置动作后又发生非故障相绝缘对地击穿时，故障相接地开关在 8ms 左右快速分闸，由综保负责处理短路故障，同时无需人为干预自动做好下次动作准备；若装置动作后直接引发短路故障，故障相接地开关在 8ms 内快速分闸，不会出现综保跳闸事故，根据客户需求可经过重新选相后再次快速合闸。

f. 过压限制功能。装置内应装设自脱离免维护组合式过电压保护器，应能把发生在相对地和相与相之间的过电压限制到较低的水平，发生单相弧光接地时可把过电压限制在线电压的安全水平。

g. 消除谐振功能。装置采用抗饱和电压互感器并在一次绕组中性点加装半导体自限流强阻尼抑制器，能有效破坏铁磁谐振条件，强迫电压互感器退出饱和状态，防止深度饱和引起电压互感器严重过载。

h. 故障报警功能。当系统运行电压高于控制器整定的过电压值时，装置面板显示过电压故障、三相电压值、并提供报警信号；当系统电压低于测控装置整定的低电压值时，测控装置显示屏显示低电压故障、三相电压值、并提供报警信号。

i. 事件记忆功能。装置需记录不小于 20 次故障的类型、发生时间及故障时的电气量，为故障的分析与处理提供有效信息，还能记录现场参数设置和功能设置的时间，便于事故分析。

j. 数据远传功能。装置应设置 RS-485 和光纤接口对外通信，能与南瑞微机光纤总控进行数据交换，采用协议与南瑞协调，用户可以通过南瑞微机光纤总控实时监测运行状态、系统电压，调阅事件参数。

4.1.2.2 硬件功能模块开发目标

（1）涡流驱动型快速真空断路器开发目标。涡流驱动型快速真空断路器是一种直动式快速永磁真空断路器，该断路器需在 3 ms 之内分闸，7 ms 之内合闸，动作分散度小于 ±0.2 ms；其最大开断电流可快速真空断路器优越的开断能力，主要基于短路电流快速识别、过零点检测及相控技术，参数要求见表 4-2。短路故障快速识别技术是利用电流瞬时值和电流变化率作为判

表 4-2   快速真空断路器参数要求

参数类型	参数名称	数值范围	单位
额定参数	额定电压	12	kV
	额定电流	1250	A
	额定频率	50	Hz
绝缘水平	1min 工频耐受电压	42	kV
	雷电冲击耐受电压	75	kV
开断能力	额定短路开断电流	40	kA
	2s 额定短时耐受电流	40	kA
	额定峰值耐受电流	100	kA
机械特性	主回路直流电阻	< 100	μΩ
	合闸时间	≤ 7	ms
	分闸时间	≤ 3	ms
装置特性	接地选相时间	≤ 3	ms
	接地电流转移时间	≤ 10	ms
	电流转移后接地点残压	≤ 36V	V
	单相重量	< 1000	kg
	外形尺寸	不大于 Φ1000×1000	mm
工作电源	—	DC/AC220V	—

据，实现短路电流有效值的快速预测。利用短路故障快速识别技术开发的大容量智能高速开关测控单元，可在短路故障发生后 0.3 ~ 0.4 ms 内对短路电流有效值作出预测并发出动作指令。以短路故障快速识别为基础，增加短路电流过零点预测功能，可在短路故障发生后 2 ~ 3 ms 内完成短路电流有效值识别和过零点预测，考虑断路器固有分闸时间，按照预先设定的提前量分相发出分闸指令，即可实现真正意义上的"过零开断"。

（2）控制器开发目标。本控制器以微处理器作为核心模块，通过软件完成对采集来的开关量和模拟量的计算、变换、存储功能。根据装置的各个功能划分，控制器可以划分为以下几个部分：信号采集模块，开关量采集模块，微处理器，电源装置，通信模块，报警模块，显示模块等，装置的结构框图如图 4-2 所示。

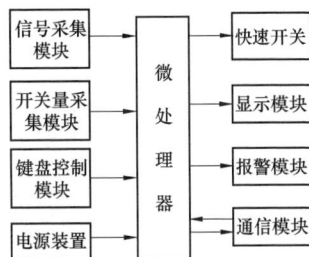

图 4-2　控制器结构框图

信号采集模块采集电压互感器提供的三相电压和开口电压，其输出端与微处理器相连，微处理器的输出端接快速开关，电源装置提供电源。

开关量采集模块的输出端与微处理器的输入端相连。开关量采集模块用于采集快速开关的动作状态并输送至微处理器，当微处理器判断出三相电压的一相出现故障时，会判断与该相串联的真空接触器是否闭合，如闭合，则不动作，如未闭合，则驱动该真空接触器闭合。

键盘控制模块的输出端与微处理器的输入端相连。所述的消弧及过电压保护装置还包括显示模块，显示模块的输入端与微处理器的输出端相连。键盘控制模块和显示模块，作为人机对话界面进行相应的参数设置、故障报警显示。

报警模块的输入端与微处理器的输出端相连。

当微处理器判断出现故障时，除了驱动快速动作外，还会驱动报警模块报警，并通过显示模块显示故障信息。

通信模块与微处理器相连。微处理器通过通信模块可把当前系统的状态和故障上传到后台中控室，便于管理和查询。

（3）小电流选线控制模块开发目标。小电流选线模块是根据采集到的系统开口电压启动判断，再根据采集到的各出线零序电流互感器信号，结合"特征量筛选放大法"实现选线准确率 100%。选线速度快，装置可在接地故障后 3ms 内选出故障线路。

选线装置的硬件由电源模块、显示模块、选线模块和 CAN 总线模块组成。其中电源模块部分提供装置电路所需各种电压，同时该模块板集成有继电器，供报警输出使用；显示模块部分用于采集开口零序电压、显示、数据保存及数据远传功能；选线板负责母线及支线各零序电流回路的采样。CAN 总线负责把以上上模块有机的组合在一起。选线单元如图 4-3 所示。

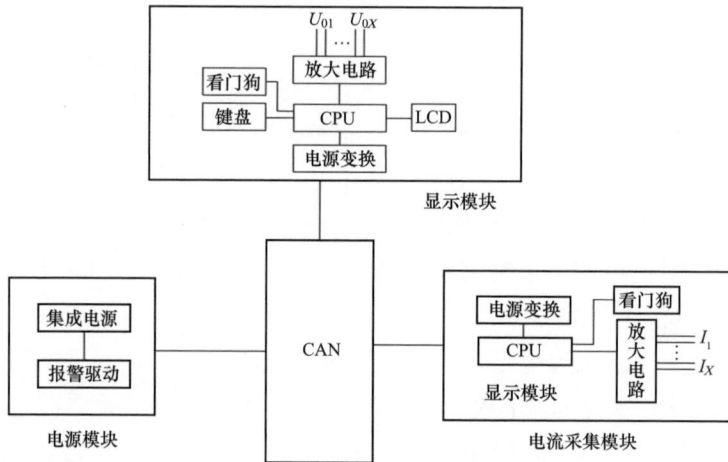

图 4-3　选线单元结构框图

（4）分相式户外柱上开关开发目标。分相户外柱上接地开关负责将接地点附近电压钳制在安全范围内。

动作逻辑：站内分相接地快速开关动作合闸后，通过光纤发信号给分相式户外柱上开关并控制对应相合闸。站内分相接地快速开关复归分闸后，通过光纤发信号给分相式户外柱上开关并控制对应相分闸。分相式户外柱上开关同时将自身辅助接点通过光纤反馈给站内消弧控制器参与辅助判断。

分相式户外柱上开关通信模块、模拟量采集模块（电流）、电源模块、开关量输入模块、控制模块及机械部分组成。

电源模块部分提供柱上开关的驱动储能及工作电源；模拟量采集模块负责采集线路接地时的接地电容电流值；通信模块采用光纤和站内装置通信分相式户外柱上开关的机械开关状态并接受站内装置的合分闸命令信息；开关量输入模块采集分相式户外柱上开关的机械开关状态并发送至微处理器；控制模块根据微处理器的整合信息，通过控制合分闸储能回路而控制开关机械部分的合闸和分闸动作。各硬件单元如图 4-4 所示。

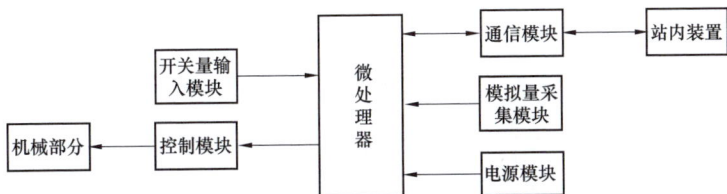

图 4-4 户外柱上开关控制单元结构框图

（5）网控机综合管理系统模块开发目标。网控机连接消弧装置、选线装置、户外柱上开关、消谐装置，并收集相关信息，记录各个控制器上报的报警、故障信息，保存在数据库中以备查询，最终将数据上报到综合自动化管理系统之中，开发需满足功能如下。

1）网控机与消弧装置、选线装置、消谐装置采用光纤通信，通信采用标准 ModBus 协议，收集消弧装置的遥信、遥测量，并记录遥信变位（包括接地故障、各种开关状态等）。

2）网控机与柱上开关同样采用光纤通信，当发生接地故障时，网控机会控制户外柱上开关同步动作。

3）当发生接地故障时，网控机收集消弧、选线以及消谐装置的模拟量数据，并计算接地故障的接地电阻，保存在数据库之中以备查询；网控机采集故障时刻的三相电压、电压互感器开口电压以及装置接地时接地电流的故障波形，存储在数据库中以备故障后进行查询。

4）网控机将收集到的所有信息包括遥信、遥测等信息实时通过 103 协议将遥信、遥测数据上送到后台自动化系统中，结构图如图 4-5 所示。

4.1.2.3 软件功能模块开发目标

消弧控制是根据采集到的系统三相电压及开口电压数据，当系统发生电压互感器断线、单相接地、高阻接地时，立即由低电平转为高电平，微机控制器启动中断，并根据电压互感器二次电压的变化，判断故障类型和相别。

如果是单相接地故障（包含金属、弧光、高阻），则微机控制器向真空断路器发出动作命令。如果是电压互感器断线故障，发出故障告警开关量。逻辑图如图 4-6 所示。

小电流选线模块是根据采集到的系统开口电压启动判断，再根据采集到的各出线零序电流互感器信号，结合以下选线方法，实现选线准确率 100%。逻辑图如图 4-7 所示。

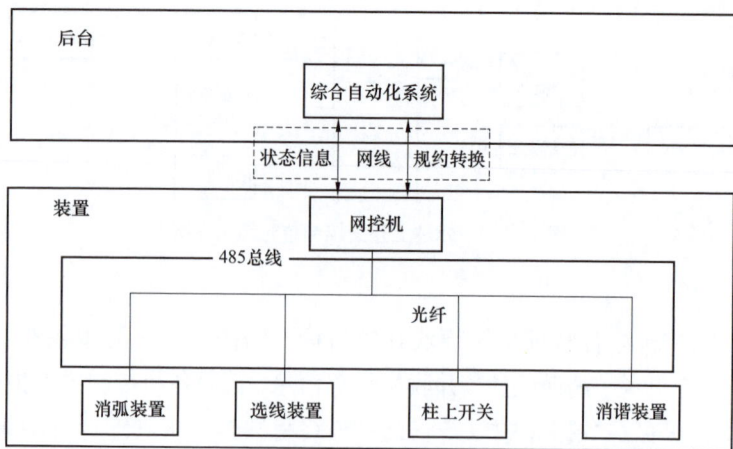

图 4-5　网控机结构框图

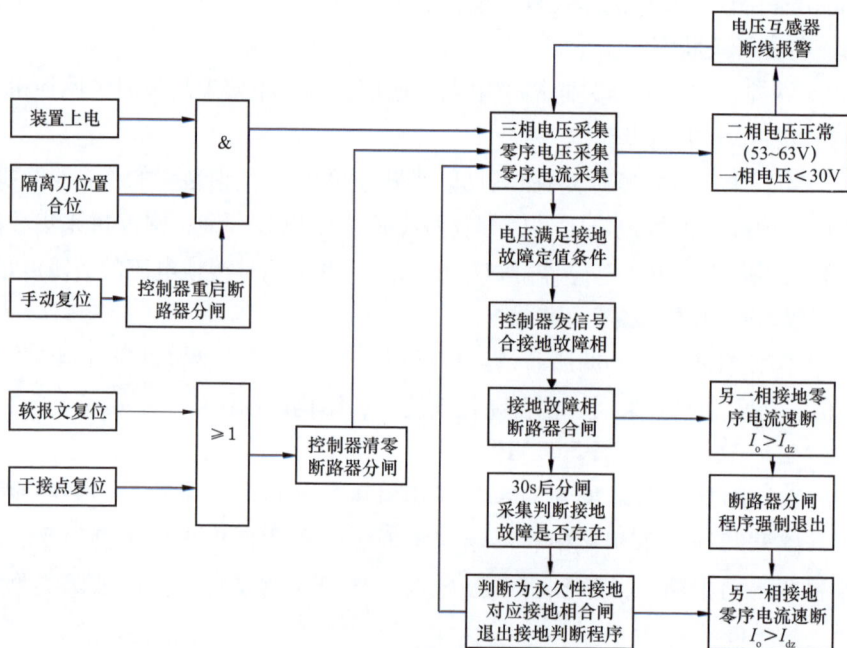

图 4-6　控制软件逻辑框图

4.1.3　快速开关仿真分析及装置研制

　　真空快速开关一般基于电磁斥力机构的动作，实现快速分合。为适应消弧消谐装置特点，需要进行针对性的设计优化，从而根据控制指令，完成故

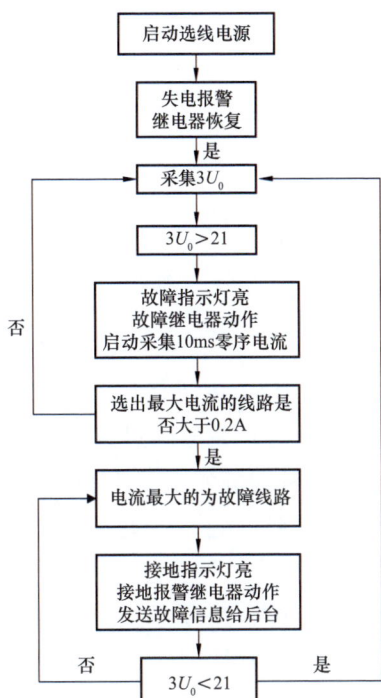

图 4-7　选线软件逻辑框图

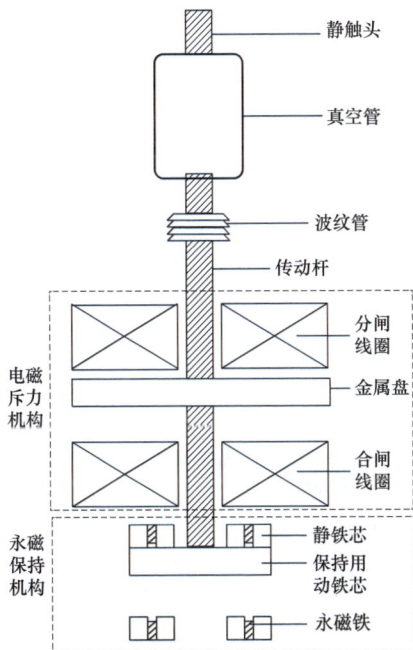

图 4-8　基于永磁斥力机构的真空快速开关
结构原理图

障条件下的主动干预。

4.1.3.1　电磁斥力机构介绍及模型搭建

关于电磁斥力机构的研究已经具有 30 余年的历史。目前，电磁斥力机构的结构形式主要有四种：①盘式线圈及斥力盘；②盘式线圈及斥力盘外加磁性元件；③双盘式线圈；④圆通式线圈及金属圆筒。本书采用的结构是第一种，其结构原理如图 4-8 所示。其主要由真空灭弧室、电磁力斥力机构和永磁保持机构组成。真空灭弧室动触头经过传动杆与金属斥力盘、保持动铁芯连接。在合闸位置时，永磁体产生的永磁力将保持用动铁芯可靠地保持在合闸位置，通过传动杆进而将斥力盘和动触头保持在合闸位置。

图 4-8 给出了电磁斥力机构的简单模型，其基本工作原理为：

（1）如图 4-9（a）所示，当开关接到合闸命令时，开关 k 闭合，预先充好电的电容 C 向合闸线圈放电，从而产生持续几毫秒的脉冲电流，励磁线圈在此脉冲电流作用下产生变化磁场。在涡流效应的作用下，斥力盘在此情况下迅速远离合闸线圈，通过传动杆驱动真空灭弧室的动触头动作，从而实现快速真空开关的快速合闸，最后由永磁保持机构保持其在合闸位置。

（2）如图 4-9（b）所示，分闸流程与合闸流程相似，这里不再赘述。

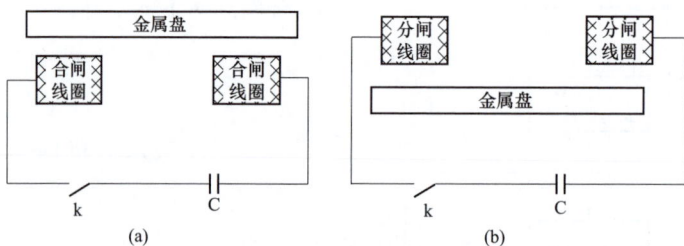
图 4-9　电磁斥力机构的简单模型
（a）合闸外接电路；（b）分闸外接电路

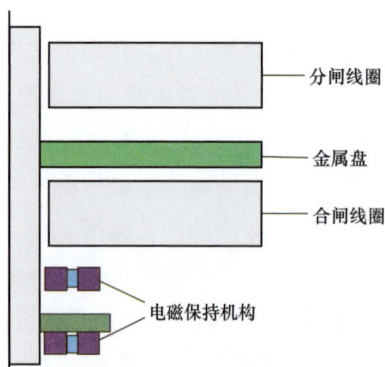
图 4-10　基于永磁保持的电磁斥力机构
仿真模型

本书利用 Maxwell 进行基于永磁斥力机构的真空快速开关分闸过程的仿真研究。由于永磁机构是个圆周对称的，因此在建模时，本书只取了一个截面进行了分析，并将某些机构进行了省略和简化。所搭建的模型如图 4-10 所示，分为分闸线圈、合闸线圈、金属斥力盘以及永磁保持机构四个部分。

12kV 真空灭弧室主要技术参数如表 4-3 所示。对于 12kV 真空灭弧室，触头弹簧压力为 5000N，再加上灭弧室和永磁机构运动部件的重力，保留 20% 的裕量，永磁保持部分需提供约 6000N 左右的合闸保持力。而在分闸位置主要克服灭弧室自闭力和波纹管反力，分闸保持力需要约 1500N 左右。

为计算方便进一步简化模型，将电磁斥力部分与永磁保持部分分开建模，首先计算永磁体作用下永磁保持力随机构行程的变化曲线，将该曲线和触头弹簧力作为机构负载反力，加载到电磁斥力机构仿真模型中，最后求得斥力结构的运动特性。

表 4-3　　　　　　　　　　12kV 真空灭弧室主要技术参数

主要机械参数	数值
触头开距（mm）	9 ± 1
超行程（mm）	4 ± 1
额定触头压力（N）	4800 ± 200
运动部分质量（kg）	3.5

永磁体作用下机构的永磁力随机构行程的变化关系如图 4-11 所示。从图中可以看出，机构分闸保持力约 1600N，合闸保持力约 6300N。从永磁力的特性曲线可以看出，永磁体的磁力随气隙的变化急剧下降，说明当保持用动铁芯开始运动，保持力对动铁芯运动的阻碍将迅速减小，在几个毫米后几乎不再起作用，相比较传统永磁保持机构，能提高机构分闸速度。

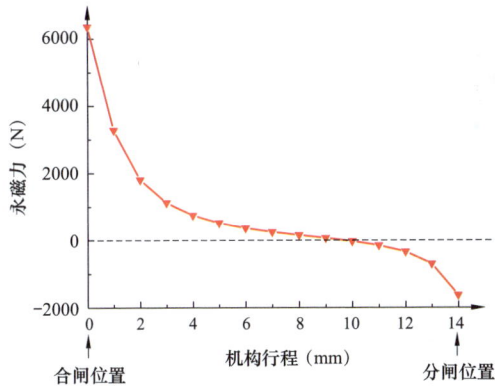

图 4-11 永磁体作用下永磁力随机构行程的变化

图 4-12 为外接 LC 振荡电路，为励磁线圈提供驱动电流，在仿真中通过 Maxwell Circuit Editor 进行建模，其中充电电容 C_1=2000 μF，R=2mΩ，$L_{Winding}$ 为分 / 合闸线圈绕组动态模型，电容初始电压 2000V。

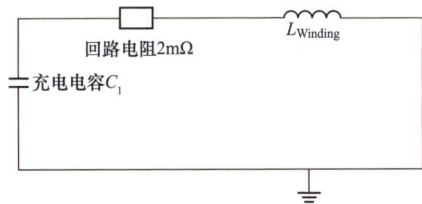

图 4-12 外接 LC 振荡电路图

在仿真中，分闸 / 合闸线圈的内径为 30mm，分闸线圈的圈数为 22 圈，斥力盘半径为 90mm，厚度为 10mm。

通过仿真分析了金属斥力盘、外接电路参数等对分闸时间的影响，主要结论为：

（1）分合闸时间随着运动部分质量减小而减小，随着斥力盘直径增加和厚度减小而减小。

（2）外接电路中，充电电容值的增加和充电电压的增加，线圈匝数的增加都能有效降低分合闸时间。

（3）沿径向打孔，对于分合闸运动基本无影响，但由于该种方式能够减少斥力盘质量，从而降低分合闸时间。

4.1.3.2　研制结果

图4-13是实际产品图，运动机构质量为4kg，外接电路中，分闸线圈匝数为22圈，分闸电容值为2200 μF，充电电压为2100V。图4-14是分闸行程曲线仿真结果和实验结果对比图。从图4-14中可以看出，机构能在2ms内完成整个分闸动作且实验结果与仿真结果基本一致，验证了仿真方法的正确性。

图4-13　12kV真空
快速开关样机

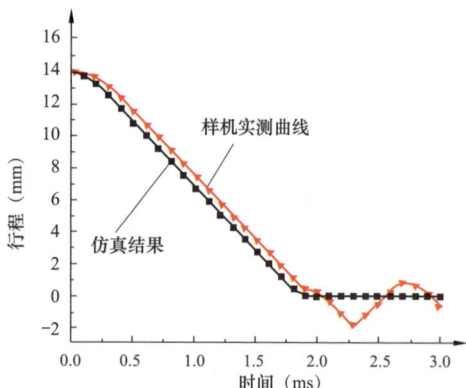

图4-14　分闸行程曲线仿真与实验结果对比

4.1.4　控制器开发

控制器主要通过对输入信号进行处理后，根据控制算法，输出相关的控制信号，实现装置设计的控制功能。

4.1.4.1　整体结构设计

本装置以CPU板作为核心模块，通过软件完成对采集来的开关量和模拟量的计算、变换、存储，在CPU主板对来自A/D采集板的模拟量和来自数字输入输出（Digital Input and Output，DIO）板的各个开关设备状态的数字量进行变换和处理后，根据相应的算法输出数字量到DIO板，然后DIO板再将信号输送给继电器板，继电器驱动开关设备的二次回路，使装置完成所设计的功能。另外CPU板连接了显示器和键盘人机接口，可对故障进行记录、显示并发出报警。

根据装置的各个功能划分，硬件装置可以划分为信号调理电路、数据采集系统、微机处理系统、人机对话系统等几部分，装置的结构框图如图4-15所示。

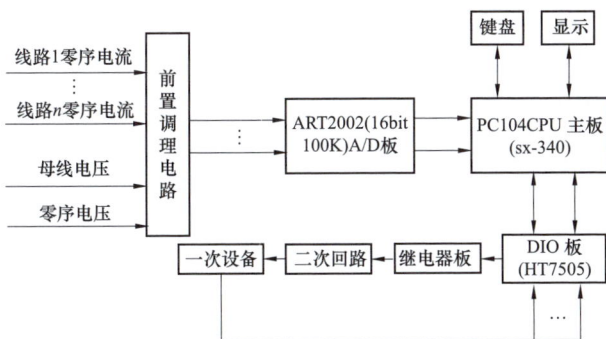

图 4-15　控制器整体结构

4.1.4.2　控制器选型

装置的最主要部件是控制器，对于消弧选线装置来说，CPU 必须满足运算速度快、处理数据能力强的要求，以往用过多种控制器，如单片机、数字信号处理器（Digital Signal Processor，DSP）等。

单片机的可靠性较差，系统结构紧凑，接口设计简易、性价比较高，但是通用性差，系统升级不足，运行速度慢，特别是进行乘法运算时，由于所需指令数目多、指令周期长速度更慢。

DSP 实时性高，特别适合乘法运算，但是通用性差，价格较贵，外围电路开发周期长，本装置的控制器采用 PC104 嵌入式微机。

随着计算机技术的飞速发展，在产品中嵌入微机作为控制器已开始随处可见，由于 PC 体系结构的广泛流行，与 PC 兼容的软件、硬件、外设和开发工具都比其他体系结构更丰富、更便宜，将 PC 体系结构用于嵌入式应用就意味着能够大幅度地降低开发成本、减少风险及缩短开发周期，而且减少了许多令人头疼的系统维护和技术支持。为适用于嵌入式控制应用，标准 PC 体系结构的硬件必须减少体积、降低功耗，提高集成度。PC104 标准满足以上要求，它提供与 PC 总线在体系结构、硬件和软件上的完全兼容，而且结构紧凑的栈接式模块很适合嵌入式控制应用的独特要求。

PC104 嵌入式微机控制器为系统设计者提供了一整套低成本、高可靠性、能迅速配置成产品的结构化模块。PC104 是一种专门为嵌入式控制而定义的工业控制总线，IEEE-P996 是 ISA 工业总线规范，IEEE 协会将它定义为 IEEE-P996.1。很明显，PC104 实质上就是一种紧凑型的 IEEE-P996，其信号定义和 PC/AT 基本一致，但电气和机械规范却完全不同，是一种优化的小型堆栈式结构的嵌入式控制系统。PC104 与普通 PCSIA 总线控制系统的主要不同是：①小尺寸结构，标准模块的机械尺寸是 3.6 英寸 × 3.8 英寸，即

96mm×90mm；②堆栈式连接，去掉总线背板和插板滑道，总线以针和孔形式层叠连接，即 PC104 总线模块之间，总线的连接是通过上层的针和下层的孔相互咬和相连，这种层叠封装有极好的抗震性；③轻松总线驱动，减少元件数量和电源消耗，4mA 总线驱动即可使模块正常工作，每个模块 1~2W 能耗。

4.1.4.3 主板选型

PC104 的 CPU 主板目前有多种型号可选，板上一般都带有 DRAM，支持 CTR 和 LCD 显示，可支持 DOC、FLASHEPROM，并有 DIE 接口、FDC 接口、LPT 接口、RS232 口、以太网接口以及 Watch-Dog 等。CPU 板作为装置的核心模块，主要完成对各模块的控制和协调，根据 A/D 板的采样值进行数据处理，进行故障启动判断、数据存储、参数整定、与监控系统通信等功能，根据本装置的要求选用 S104/sx-340。

S104s/x-340 主板的主要特征为：使用低功耗的 ALIM6117C CPU，速度为 25MHz-40MHz；在板 4MDRAM；支持 CRT 和 LCD 显示；可支持 DOC，FLASHEPROM；一个 DIE 接口可支持两个硬盘；一个 FDC 接口支持标准软驱；一个 LPT 接口支持 EPP/ECP；两个 RS232 口一个 TTL/RS232/RS 422/RS 485 三中选一；一个 10M 以太网接口；16 路 GPIO（8 路数字量输入 8 路数字量输出）；另有 Watch-Dog 复位电路。sx-340 主板有 7 个中断通道与 8259A 兼容；有 7 个 DMA 通道与 8237A 兼容；有 3 个可编程的计数器 / 计时器与 8254 兼容。

4.1.4.4 信号调理板选型

信号调理板将从各线路零序电流互感器采集来的零序电流信号和开口三角侧采集来的零序电压信号通过信号调理电路变为 A/D 采样板能够处理的 ±10V 的低压交流信号。每一块调理板可输入 16 路信号。根据线路的条数可选多块板子。信号调理板上的主要器件是二次互感器，采用精密互感器。其中电流互感器采用 HCT206，电压互感器采用 HPT205。

HCT206 和 HPT205 的用法如图 4-16 所示。HCT206 电流互感器输入电流为 5A，二次侧产生一个 2.5mA 的电流。通过运放，可调节反馈电阻 R 值使输出为 ±10V，电容 C 及电阻 R 是用来补偿相移的。图中运算放大器是 OP07 系列，电源电压是 ±12V，反馈电阻为 $R=10V/2.5mA=4k\Omega$，可选为 3.8$k\Omega$，利用电阻 Rl 微调。C_l 是抗干扰电容，取为 0.47U_f。

HPT205 是电流型电压互感器，输入电流 0~2mA，输入电压经限流电阻 R 后，使流过 HPT205 电压互感器初级的额定电流为 2mA，二次侧会产生一个相

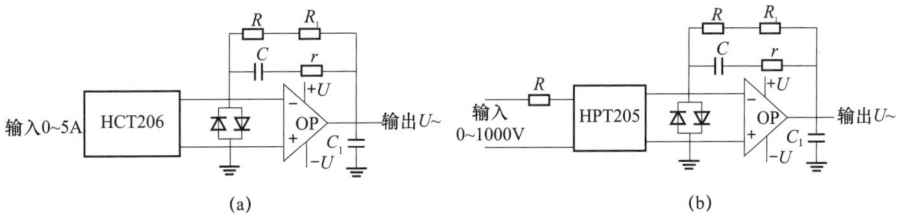

图 4-16 HCT 206 和 HPT 205 的用法

(a) HCT 206 典型用法；(b) HPT 205 典型用法

同的电流。通过调节反馈电阻 R 的值在输出端得到所要求的电压输出。输入 100V、输出 10V 时，限流电阻和反馈电阻选择为：R=100V/2mA=50kΩ，同样选择为 51kΩ，可微调输出。则此时实际的初级额定电流约为 I=100V/（51+0.11）=1.96mA（其中 0.11kΩ 是初级线圈内阻）。反馈电阻为：R=10/1.96mA=5.102kΩ。则选为 5.2kΩ，另外串联电阻微调。C_1 的作用和选择同 HCT206I29。

4.1.4.5 采样板选型

AD/ 采样板卡选用 ATR2002，它是一款基于 PC104 总线的高性能、高精度、超小体积的 A/D 数据采集卡，使应用范围更加广泛，原理图如图 4-17 所示。板上选用 16 位 100K/200K 采样速率的高精度 A/D 转换器；给用户提供了单端 32 路 / 双端 16 路的 AD 模拟信号输入通道；输入信号幅度可以经程控增益仪表放大器

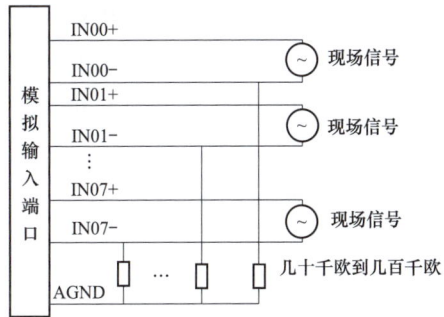

图 4-17 二次互感器原理图

调整到合适的范围，保证最佳转换精度。程控增益可根据用户要求选择 1、2、4、8（PGA203）或 1、10、100、1000（PGA202）倍；还配有两片（共 8K 字）先进先出 FIFO 存储器，增大了存储容量，更保证数据的完整性。具有两种采样模式，伪同步采集模式和分频采集模式。ATR2002 板支持内触发和外触发，支持软件查询、DMA、中断三种数据传输方式，可通过采集卡上的跳线选择方便地完成硬件自动配置。

ART2002 的模拟通道输入数为 32 路单端或 16 路双端模拟信号输入。模拟输入阻抗：100MΩ。模拟输入共模电压范围：>±2V。放大器建立时间：2ms。A/D 转换电路的分辨率 16bit（65536）。非线性误差：±1LSB（最大）。转换时间：5μs（AD976AAR）、10μs（ADS7805）。系统测量精度（满量程）：0.1%。采样速率：100K（ADS7805）、200K（AD976AAR）。模拟电压输入范围为 ±10V。

经过信号调理板后的输出电压信号为 ±10V。可与 ART2002 连接成模拟电压双端输入方式，可以有效抑制共模干扰信号，提高采集精度 8 路模拟输入信号正端接到 CH00-CH15 端，其模拟输入信号负端接到 CH16~CH31 端，并在距离 XSl 插座近处，在负端与 AGND 端各接一只几十千欧至几百千欧的电阻（当现场信号源内阻小于 100Ω 时，该电阻应为现场信号源内阻的 1000 倍；当现场信号源内阻大于 100Ω 时，该电阻应为现场信号源内阻的 2000 倍），为仪表放大器输入电路提供偏置。在 ART2002 板 A/D 转换的结果经过硬件控制后直接写入到 FIFO 中，因此主机是通过与 FIFO 通信来读取数据，我们可以设置 FIFO 状态位启动中断方式进行数据传送。

4.1.4.6 DIO 板选型

DIO 板采用 HT-7505，HT-7505 板是独立光电隔离 16 路开关量输入 16 路开关量功率输出板，开关量输入输出信号是通过板上 IDC40 型头与现场信号相连接，该板简单可靠，输入输出电压范围广，符合 PCIO4 总线标准。

HT-7505 开关量输入部分采用光电隔离技术，实现 16 路电压型开关量的并行输入，有效地避免了外部环境对主机的干扰和损坏，输入采用共地方式，不需要外接电源，各种开关量相互独立，只要选用适当的限流电阻，保证光祸器件的输入电流为 4mA 左右，即可适应不同电压的开关量输入，开关量电压范围为 0~24V 或 0~12V，出厂为 0~5V。

HT-7505 输出部分采用隔离技术，实现 16 路开关量独立输出，可以提供 TTL 电平输出，也可以提供功率输出，其输出端最大功率可驱动 24V/200mA 负载或 12V/200mA，可直接驱动继电器，电磁阀各路输出信号均具有锁存功能。出厂为功率输出方式，出厂时为 24V/200mA，CPU 输出数据为正向驱动。

4.1.4.7 采样算法

装置工作过程中，要对零序电流和零序电压进行采样，并根据选线原理对其进行基波和各次谐波的幅值和方向的计算、比较和判断。微机保护装置对于通过硬件电路从电力系统中取到电压、电流等模拟量并不能直接运算处理，而首先以一定的时间间隔采样这些模拟量，然后通过模/数转换装置将模拟量转换成微机能接受的数字量，再对数字量进行运算和判断。实际上电力系统的非正弦周期波都是不规则的畸变波形，对该种波形的时间连续信号用采样装置进行等间隔采样，并把采样值依次转换成数字序列，然后借助计算机进行快速谐波分析，这里我们采用离散傅立叶变换（DFT），DFT 计算准确、快速，并且具有一定的滤波能力，特别是对电力系统的按指数衰减的非周期分量有抑制能力。

假设所测量的电压和电流分别是 $\mu(t)$、$i(t)$，周期都为 T，谐波最高次数为 M 次。按采样频率 $\omega_s = N\dfrac{2\pi}{T}$ 对其进行采样，式中 $N=2M$，则电压和电流可以分别表示为

$$u(n) = \mathrm{Re}\sum_{k=0}^{M} U_k e^{(j\omega k + \alpha_k)} \tag{4-1}$$

$$i(n) = \mathrm{Re}\sum_{k=0}^{M} I_k e^{(j\omega k + \beta_k)} \tag{4-2}$$

式中：$n=0$，1，2，$\cdots$，$N-1$；U_k 和 I_k 是第 k 次谐波分量的幅值；α_k 和 β_k 分别为电压和电流的第 k 次谐波分量的相位；$\omega = 2\pi f_1$ 为基波频率。

由式（4-1）和式（4-2）可得视在功率 S、有功功率 P 及无功功率 Q 的表达式为

$$S = UI = \sqrt{\sum_{k=0}^{M} U_k^2}\sqrt{\sum_{k=0}^{M} I_k^2} \tag{4-3}$$

$$Q = \sum_{k=1}^{M} Q_k = \sum_{k=1}^{M} U_k^2 I_k^2 \sin(\alpha_k - \beta_k) \tag{4-4}$$

$$P = \frac{1}{T}\int_0^T u(t)i(t) \approx U_0 I_0 + \sum_{k=1}^{M} U_k I_k \cos(\alpha_k - \beta_k) \tag{4-5}$$

经过对电压与电流的同步采样，一个周期后，可分别得到它们的 N 个实数，也就可以分别得到它们的 DFT，即从信号的时域表示得到它们的频域表示（频谱）：

$$U(k) = DFT[u(n)], \quad I(k) = DFT[i(n)] \tag{4-6}$$

式中：$k=0$，1，2，$\cdots$，$N-1$；$n=0$，1，2，$\cdots$，$N-1$；$U(k)$ 和 $I(k)$ 分别表示电压和电流信号的 DFT 或对应于频率 f_k 的频谱分量。

如果将 $u(n)$ 和 $i(n)$ 作为一系列复数来处理，即 $a(n)=u(n)+ji(n)$，则有：

$$A(k) = DFT[a(n)] = DFT[u(n)+ji(n)] \tag{4-7}$$

对此频谱进行分离，得到 $u(n)$ 和 $i(n)$ 的频谱，即

$$U(k) = \frac{1}{2}[A^*(-k) + A(k)] \tag{4-8}$$

$$I(k) = \frac{1}{2}[A^*(-k) - A(k)] \tag{4-9}$$

式中，* 表示复数的共轭。$u(n)$ 和 $i(n)$ 的 k 次谐波分量有效值及有功功率和无功功率分别为

$$U_k^2 = \frac{2}{N_2}\left\{\operatorname{Re}[U(k)]^2 + \operatorname{Im}[U(k)]^2\right\} \qquad (4-10)$$

$$I_k^2 = \frac{2}{N_2}\left\{\operatorname{Re}[I(k)]^2 + \operatorname{Im}[I(k)]^2\right\} \qquad (4-11)$$

$$P_k = \frac{2}{N_2}\left\{\operatorname{Re}U(k)\operatorname{Re}I(k) + \operatorname{Im}U(k)\operatorname{Im}I(k)\right\} \qquad (4-12)$$

$$Q_k = \frac{2}{N_2}\left\{\operatorname{Re}I(k)\operatorname{Im}V(k) - \operatorname{Re}U(k)\operatorname{Im}I(k)\right\} \qquad (4-13)$$

式中：$k=0, 1, 2, \cdots, N/2-1$；$\operatorname{Re}U(k)$ 和 $\operatorname{Im}U(k)$ 分别表示 $U(k)$ 的实部和虚部。

运用上述离散傅立叶变换（DFT），可计算母线电压和各线路零序电流的实部、虚部，从而得到其幅值、向量相对关系，通过计算个线路的零序电流的幅值突变量。相对大小以及零序功率方向，可作为选线判别依据。

装置要采集的模拟量包括母线的三相电压系统的零序电压，各条线路的零序电流。一块 ART2002 可采集 16 路双端模拟信号，装置可根据用户需要选择多块 A/D 板。

ART2002A/D 卡自带时钟和定时器，在设定首、末通道号后，模拟量从 37 芯 D 型接口输入后，经过八选一模拟开关选择通道进入放大器，由放大器输出到 A/D 转换器，开始数据转换，AD 转换结果数据写入先进先出存储器 FIFO，最后经 ART2002 卡的 PC1O4 总线将 AD 数据送入计算机。

在 ART2002 板上用户通过软件编程后由硬件控制来启动 A/D 转换，根据本装置的要求，A/D 工作模式采用模拟同步采样模式，也叫分组采集模式，适合应用在对一组输入通道采样的时差要求尽量小，但组之间的时间间隔较大的应用场合当由定时器脉冲或外部时钟有效边沿启动后，以用户设定的参数开始采样，从第首通道开始顺序转换到末通道结束，转换完后进入等待的时间（时间长短由用户设定），当 A/D 转换完成后，通过中断方式操作读取数据。等待下一个启动信号，如此循环下去。

K 个通道的转换时间 $T=5K$（μs），K 为一次转换的输入通道数量。等效每通道最大采样速率为 100k（Hz）。按每个周期采样 256 点计算，K 条线路所需转换时间为：$T_K=256 \times 5K$（μs）$=1280 \times K$（μs），T_K 最大是 20ms，

K_{max}=20/0.64=31.25 路，所以 K 最多取 30 路。ART2002 的 16 位定时器为模拟转换提供精确的定时，定时器输入基准时钟为 4MHz，周期为 500ns。定时器为减法计数器，当由用户设置的初值减到 1 时，发出启动脉冲并自动将定时器数据重新设置为初值。16 位数据初值范围：2~65535。

所谓伪同步采集是指设定的首末通道内以 AD 的最高速率采集（本卡为 100k/200k），周期为 10μs/5μs，每组转换完之后与下一组转换开始之前的时间间隔 Tl 可由程序设定，本板由定时计数器的通道时间常数确定，T_l= 时间常数（2~65535）×10μs，例如：对 2、3、4、5、6 通道实现伪同步采集如图 4-18 所示。其中：10μs/5μs 为触发 A/D 转换的周期（一般为本卡最高速率，即 100k/200kHz）。此周期可以通过改变参数来实现。

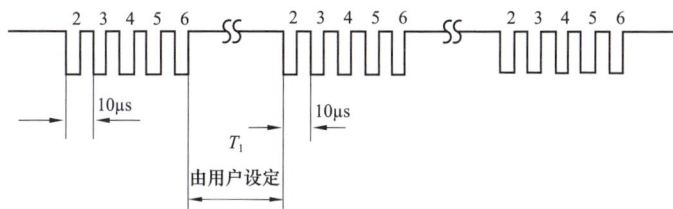

图 4-18　伪同步采集 A/D 时序图

每次 A/D 转换完成以后，CPU 响应中断，从 A/D 板卡的 FIFO 中读取数据（最多 30 路信号）到内存 RAM 相应的地址中。具体的步骤是：在 RAM 中开辟 256（每周期采样点数）×30（路）×n（周期）的 word 空间，每次读取 A/D 转换结果后，将所读到的值放到对应的地址中每一条线路所对应的数据存放地址都是一循环结构，存满后循环覆盖，保证数据的实时刷新。

4.1.5　结构设计

装置本体结构需要结合现有的标准及所需达到的性能指标，达到性价比最优的目的，下面对装置的结构设计进行介绍。

4.1.5.1　消弧消谐装置设计图

结合多个标准及设计指标，得到消弧消谐装置设计图如图 4-19 所示。

4.1.5.2　柜内一二次组件

一次设备选型清单如表 4-4 所示。

安装材料选型清单如表 4-5 所示。

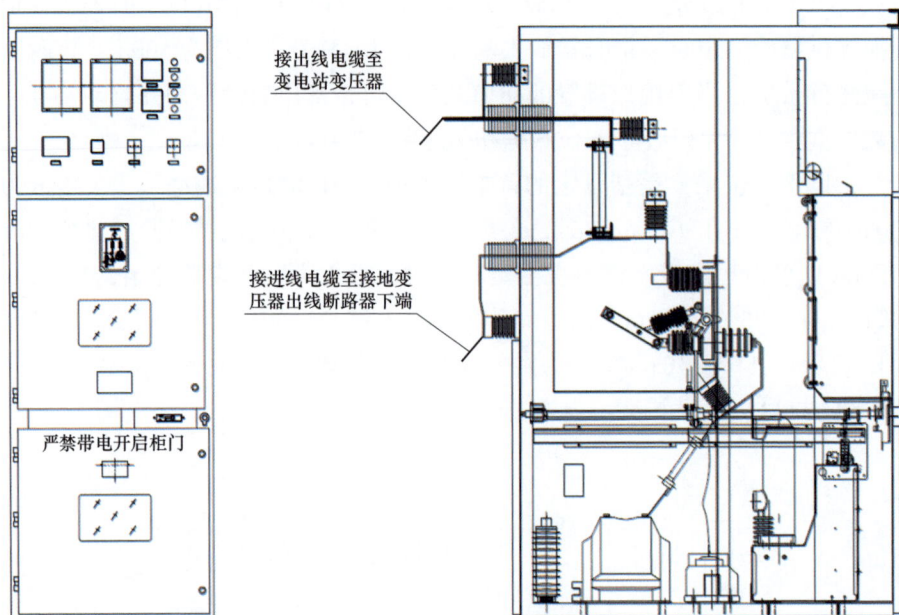

接出线电缆至
变电站变压器

接进线电缆至接地变
压器出线断路器下端

严禁带电开启柜门

图4-19　消弧消谐装置设计图

表4-4　　　　　　　　　　　　　　一次设备选型清单

序号	代号	名称	型号	数量
1	GD	隔离开关	GN16-12C/1250	1
2	CGQ	带电传感器	10kV，H=140mm	3
3	JD	消弧断路器	VFC-12/1250-40	1
4	TA	接地电流互感器	LMZ1-0.5（500/5）	1
5	BOD	自恢复过电压保护器	SHK-BOD-Z-12.7/413	1
6	TV	电压互感器	JDZX9-10	3
7	RD	TV高压熔断器	XRNP-10/0.5	3
8	DR	一次消弧器	SHK-SIDR-10	1

表4-5　　　　　　　　　　　　　　安装材料选型清单

序号	标号	名称	型号规格	数量
1	YHa ~ YHc	电压互感器	JDZJ-10	3
2	1 ~ 2ZKK1，1 ~ 2ZKK2，1 ~ 2ZKK3，2ZKK4	微型断路器	S201-C6	7
3	ZK	控制器	SHK-GKLS	1

序号	标号	名称	型号规格	数量
4	GF	辅助开关	F10–20	1
5	LH	电流互感器	LMZ1–0.5 500/5	1
6	PA	电流表	6L2–A	1
7	KK2	转换开关	KK2	1
8	BJ	BOD 计数仪	SHK–BOD–JS	1
9	1CZ	断路器端子排	VFC–12/1250–40	1
10	QFA，QFB，QFC，QFF	中间继电器	CR–M220DC4L DC220V	4
11	PV	电压表	6L2–V	1
12	1 ~ 4DK	微型断路器	S262–UC–C10	4
13	KK1	转换开关	LW12–（15–16）	1
14	WS	温湿度控制器	N2K	1
15	DXN	带电显示器	DXN–Q DXN–T	2
16	MD1 ~ 2	微断开关	MD	2
17	DSN	刀闸电磁锁	DSN–10	1
18	KG	行程开关	X2–N	2
19	CGQA，CGQB，CGQC	传感器	CG103–12Q	3
20	DX	选线（安装在主控室）	SHK–DX–24	1

4.1.5.3　快速真空断路器外部结构图

外部结构图如图 4–20 所示。

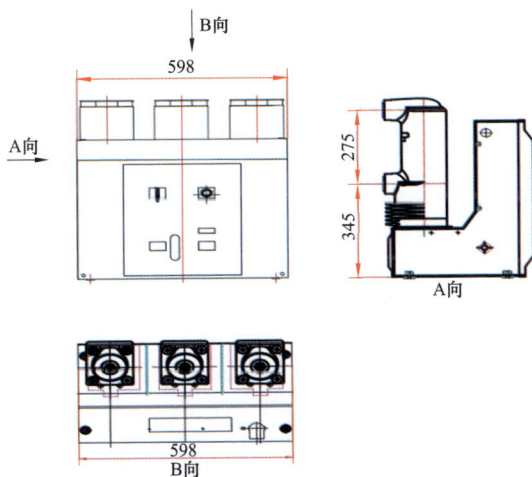

图 4–20　快速真空断路器外部结构图

4.1.5.4 户外柱上接地开关外部结构图

柱上开关如图 4-21 所示。

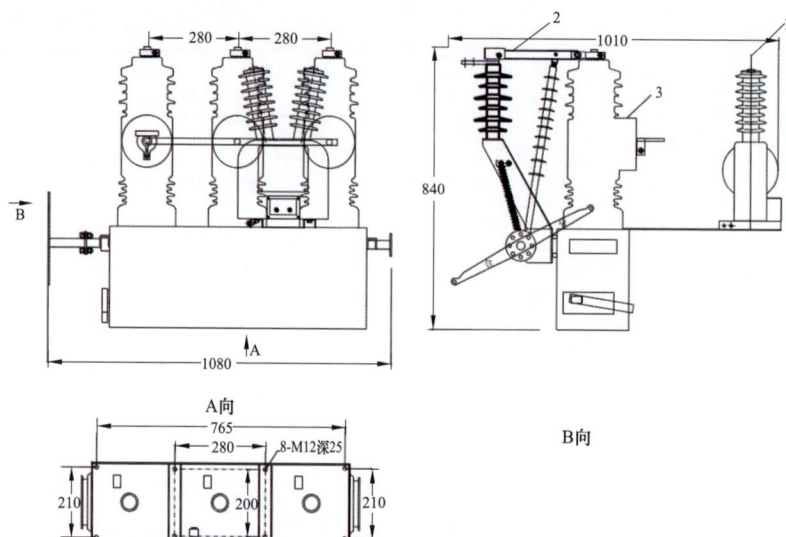

图 4-21 户外柱上开关设计图
1—取能电压互感器；2—隔离开关；3—真空断路器

4.1.6 通信部分设计

为保证装置通信的及时性和可靠性，各功能模块之间采用光纤方式进行信息交互。根据总体设计（见图 4-22）思路的要求，通信部分主要包括以下三个通信模块或主站：①站内网控机；②选线装置光纤通信模块；③分相户外柱上接地开关光纤通信模块。

4.1.6.1 通信部分信息交互

通信部分信息交互主要分为以下四对：①站内网控机与变电站综合自动化系统之间；②站内网控机与站内快速开关消弧装置之间；③站内网控机与选线装置之间；④站内网控机与分相户外柱上接地开关之间。

各通信交互模块之间的交互信息如表 4-6 所示。

4.1.6.2 通信模块接入光纤形式

通信部分是整个快速开关消弧消谐系统的信息交互中心。

（1）站选线装置光纤通信模块接入光纤的形式。若该站内现有光纤配线架可提供两芯冗余，可通过光纤配线架引两芯光纤接入通信模块，通信模块将光纤转换为与选线装置适配的通信接口。

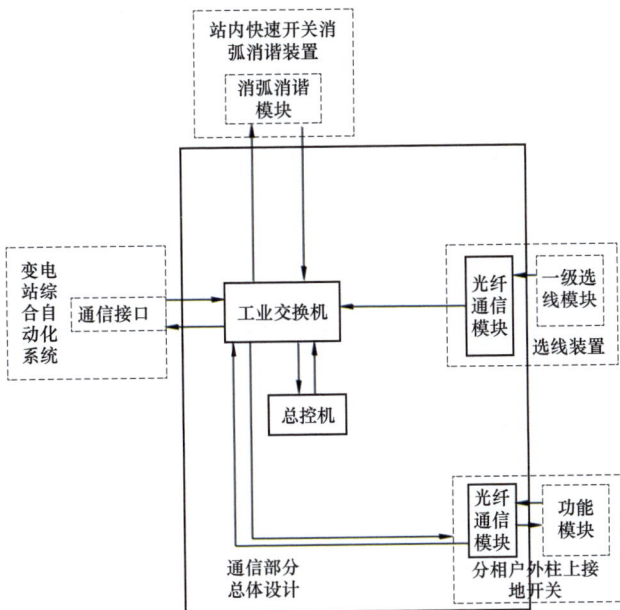

图 4-22　通信部分总体设计

表 4-6 各通信模块信息交互表

序号	通信对象	通信类别		数据信息
1	（1）站内网控机 （2）变电站综合自动化系统	双向通信	上行数据 （1）－（2）	（1）站内分相开关动作信息 （2）站内选线信息 （3）故障定位信息 （4）故障类型信息 （5）故障相别信息 （6）故障时间信息 （7）分相户外开关的状态
			下行数据 （2）－（1）	待定
2	（1）站内网控机 （2）站内快速开关消弧装置	双向通信	上行数据 （2）－（1）	（1）站内分相开关动作信息 （2）站内选线信息 （3）故障定位信息 （4）故障类型信息 （5）故障相别信息 （6）故障时间信息
			下行数据 （1）－（2）	（1）选线装置选线结果 （2）分相户外开关的状态
3	（1）站内网控机 （2）选线装置	单向通信	上行数据 （2）－（1）	选线装置选线结果
4	（1）站内网控机 （2）分相户外柱上接地开关	双向通信	上行数据 （2）－（1）	分相户外开关的状态
			下行数据 （1）－（2）	开关分合闸控制命令

若该站内现有光纤无法提供冗余芯线，需要额外配置交换机与现有芯线连接，供通信模块使用。

（2）分相户外柱上接地开关光纤通信模块接入光纤的形式。

1）若分相户外柱上接地开关处现有光纤配线架可提供两芯冗余，可通过光纤配线架引两芯光纤接入通信模块，通信模块将光纤转换为与选线装置适配的通信接口。

2）若分相户外柱上接地开关处存在光纤接口，但无法提供冗余芯线，需要额外配置交换机与现有芯线连接，供通信模块使用。

3）若分相户外柱上接地开关处无光纤接口，需就近从光纤分线箱额外引出光纤至开关处，与通信模块连接。

（3）网控机的通信形式。网控机将现场装置上传的数据信息通过交换机汇总，以光纤的形式传至消弧消谐装置的光纤接口，实现网控机与消弧消谐装置的双向通信。同时网控机可将数据信息进行存储。

网控机可安装在站内调度室小电流选线装置屏柜内或其他有冗余空间的屏柜内。

（4）站内消弧消谐装置与综合自动化系统的通信形式。消弧消谐装置将数据信息通过光纤接口传至网控机，网控机具备与综合自动化系统适配的通信接口。

4.1.7　关键指标实现方法

对于快速开关型消弧消谐装置，除了满足一般装置的性能之外，还需要达到一些特殊指标性能的要求，才能实现单相接地故障的主动干预。

（1）关键指标1：低阻接地等条件下接地选相时间 ≤ 3ms。

实现方法：在消弧控制器的研发中，微处理器通过信号采集模块，实时采集三相电压和开口电压，采样频率达到 12.8kHz，有效缩短采样消耗时间，通过 FPGA 计算第三章的故障选相算法，在 2ms 内判断单相接地故障相别，在 3ms 内将动作信号发出。

（2）关键指标2：快速真空断路器固有分闸时间 ≤ 3ms，固有合闸时间 ≤ 7ms。

实现方法：结合仿真分析结论，在试制过程中，从以下几个方面进行调试，并将开关分合闸时间达到要求指标：

1）通过改变永磁机构磁铁的排布方式，增加磁铁吸力 12%，从而提高永磁机构的吸合力。

2）增大了储能模块电容电压值，使快速真空断路器在分合闸动作时具有更大的驱动力。

3）在保证强度的条件下，将涡流盘的材质由铜更换为铝材质，将机械直动连杆材质由 45 号钢更换为钛合金，通过以上方式减轻开关内部机械部分的质量，使其具有更大的加速度。

4）增大开关内部的线径，使涡流盘的电感减小，减小时间常数，从而使储能电容在更短的时间内将能量放出，根据动量定理 $Ft=MV$，以此来获得更快的分合闸速度。

（3）关键指标 3：故障选线时间 ≤ 10ms，故障点残压小于 36V。

选线时间实现方法：考虑到分相接地快速开关在接地故障发生后 10ms 内完成接地转移，所以在算法方面加入了 5ms 快速算法，根据零序开口电压启动后，经过滤波电路后采集每条线路的 5ms 零序电流值，根据快速选线算法计算有效值，可在接地故障后 10ms 内选出故障线路。

故障点残压限制实现方法：一方面通过研制户外柱上接地开关，结合第 3 章"3.2.3 故障点电压特征分析及柱上开关限压仿真分析"得出布点方案，实现布点安装，另一方面单相接地发生后通过快速选相选线算法迅速控制户外柱上接地开关动作，第一时间控制住故障点残压，有效保护人身安全。

（4）关键指标 4：同步测量精度达到 1μs，对于接地电流大于 1A 的接地故障，定位成功率达 100%。

实现方法：硬件方面通过 GPS 同步暂态过程记录装置实现同步测量精度 1μs，每工频周波采样 256 点，采样位宽 16bit，采用高精度电流互感器，电流为 0 ～ 100A 时测量误差 ±0.5A，100 ～ 630A 时测量误差 ±0.5%，有效保证采样波形真实度；软件算法方面通过基于改进电流相似性定位方法，结合零序电压突变特征作为启动判据，实现故障区段精准定位。

4.2　样机性能考核试验

研发的样机在挂网试运行前，需要进行一系列性能考核，验证其功能的完备性，下面对样机的性能考核进行介绍。

4.2.1　试验目的及意义

4.2.1.1　试验的意义

中性点非有效接地的电缆电网或电缆线路比重较大的混合电网，由于稳态电流、高频电流的增大以及弧光接地过电压的提高，一旦发生单相弧光接地故障少则数秒钟多则十几分钟就会发展成为相间短路事故。

为有效降低单相接地故障跳闸率，必须解决控制故障发展和快速准确地选线这两个技术瓶颈。

快速开关型消弧消谐选线技术是为避免单相接地引发的跳闸事故专门开发研制的产品。装置的微机综合控制器正常运行时实时监测系统运行电压，一旦开口三角电压越限立即根据各相电压的变化判断出故障类型和相别，控制器 3ms 判断出口，如果是单相接地故障，则快速开关 7ms 之内合闸，熄灭接地电弧、控制故障的发展。装置总体动作时间在 10ms 完成。小电流选线模块，选出故障线路并在面板上显示故障线号。

现场环境、系统结构、运行状态、参数不同以及故障位置等条件的变化，都将会对装置选相、选线造成很大的影响。因此 1:1 试验台模拟接地故障时，各种频次的高频电流对选线的影响，对快速开关型消弧消谐装置试验考核。

4.2.1.2　试验总体要求

（1）采用"盲选"法试验（故障线路、故障相别由验证单位随意设置）。

（2）记录波形包含开口三角电压、零序电流、三相电压波形。

4.2.1.3　主要试验项目

对关键指标进行验证：

关键指标 1——开关合分闸时间；

关键指标 2——单相接地（金属、弧光）控制器判断出口时间；

关键指标 3——消弧整组动作时间；

关键指标 4——故障类型判别、选相、选线准确率。

根据不同的频率组合，连续做 312 次单相接地试验。每种频率组合（共计 4 种频率组合）下做金属接地 36 次，弧光接地 33 次，高阻接地 6 次，每次试验间隔 3min，考核故障类型判别、选相、选线准确率。

4.2.1.4　试验组织与措施

（1）高压试验人员须经过专业培训，具有高压试验专业知识，熟悉电业安全操作规程。

（2）全体试验人员在试验前必须熟悉试验方案，了解试验仪表的性能、使用方法、正确接线，熟悉试验设备和试品。

（3）全体试验人员都必须掌握试验工作安全措施，熟悉带电部位，试验前由安全负责人告知本次试验过程中的危险点。

（4）严格遵守 1:1 高压模拟试验台的操作流程，听从试验负责人和安全负责人的指挥。

（5）现场试验人员必须配备绝缘靴、绝缘手套等安全用具。

4.2.2　关键指标 1 验证——开关合分闸时间

通过示波器对消弧柜内开关合分闸时间测试，每相做 2 次，开关合分闸时间结果如表 4-7 所示。

表 4-7　　　　　　　　　　　　　　　开关合分闸时间结果

相别	动作状态	图谱	时间（ms）
A	合闸 -1	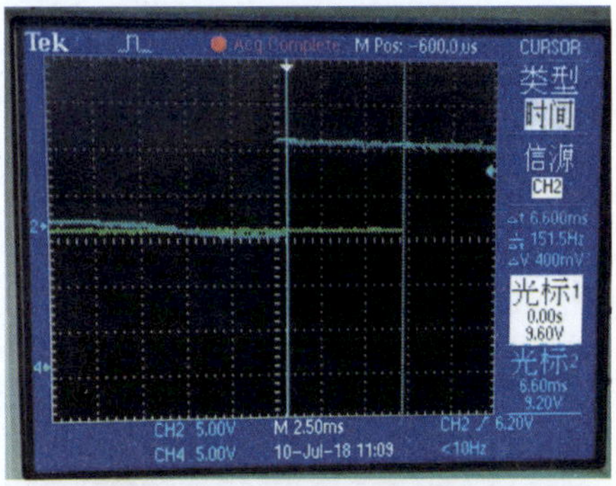	6.60
A	分闸 -1	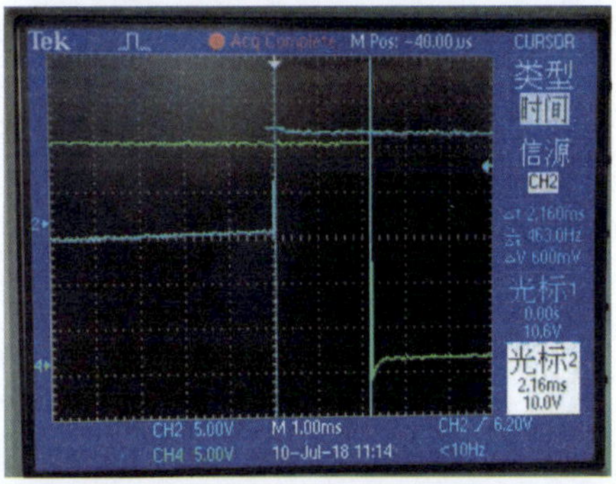	2.16
A	合闸 -2	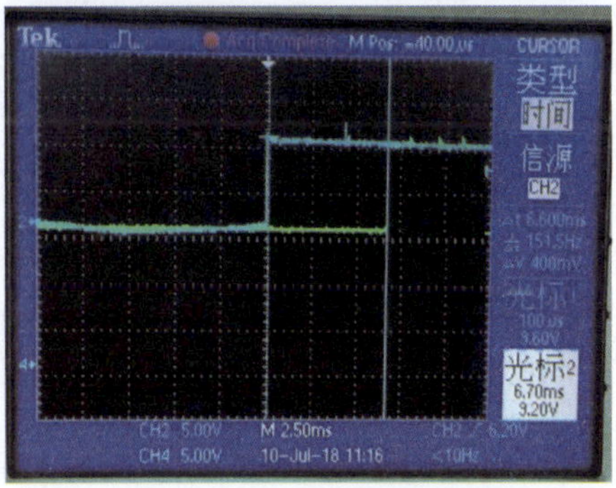	6.60

147

相别	动作状态	图谱	时间（ms）
A	分闸 –2		2.08
B	合闸 –1		6.60
B	分闸 –1		2.24
B	合闸 –2		6.60

续表

相别	动作状态	图谱	时间（ms）
B	分闸 –2		2.28
C	合闸 –1		6.60
C	分闸 –1		2.00
C	合闸 –2		6.50

相别	动作状态	图谱	时间（ms）
C	分闸 –2		2.00

注　技术协议规定快速开关分闸时间不大于3ms，合闸时间不大于7ms。

4.2.3　关键指标2验证——单相接地（金属、弧光）控制器判断出口时间

对于单相接地金属，弧光条件下，设计了相关试验对控制器出口时间进行了测试。

4.2.3.1　试验台参数及试验方法

（1）试验台接线。经三相调压器和升压变压器将400V升压到试验所需的10kV电压，用电感电容搭建的"L"型等效电路模拟4回出线，用不同的电感电容组合模拟各种试验频率。试验原理图如图4-23所示。

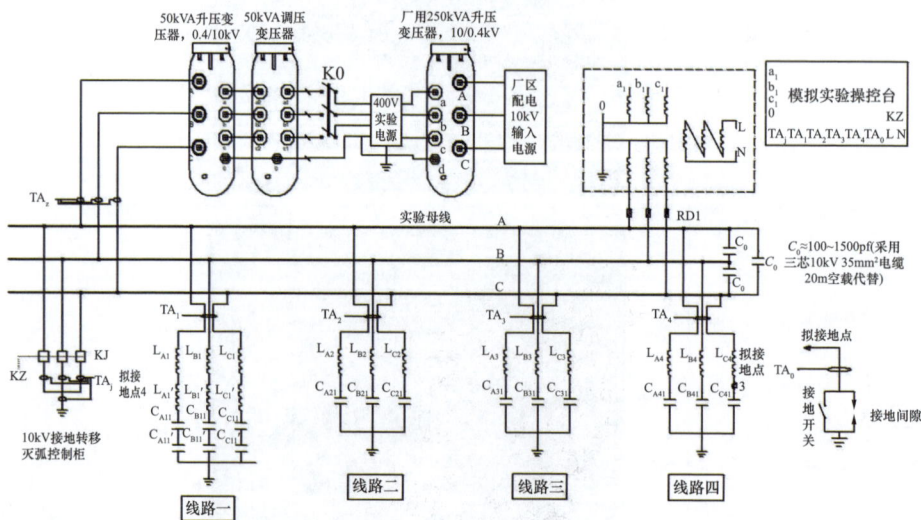

图4-23　试验台原理接线图

（2）试验方法。选择表 4-8 试验台频率，通过 1∶1 试验台模拟弧光接地和金属接地，通过示波器录波对快速控制器的出口时间测试，每相做 2 次。

表 4-8　　　　　　　　　　　回路电容电感参数组合 1

回路编号	1	2	3	4	相间
电容值（μF）	0.22	0.37	0.55	0.73	3 根 35mm² 电缆
电感（mH）	5	8	34	140	—
变更后振荡频率（Hz）	4791.07	2920.43	1163.176	497.7518	—

选择表 4-9 试验台频率，通过 1∶1 试验台模拟弧光接地和金属接地，通过示波器录波对快速控制器的出口时间测试，每相金属弧光各做 1 次。

表 4-9　　　　　　　　　　　回路电容电感参数组合 2

回路编号	1	2	3	4	相间
电容值（μF）	0.22	0.37	0.55	0.73	3 根 35mm² 电缆
电感（mH）	8	34	140	5	—
变更后振荡频率（Hz）	3789.94	1418.434	573.4732	2620.42	—

4.2.3.2　试验结果

通过 1∶1 试验台模拟弧光接地和金属接地，测得快速控制器判断出口时间试验数据，如表 4-10 所示。

表 4-10　　　　　　　　　　控制器判断出口时间结果

相别	动作状态	图谱	时间（ms）
A	金属		3.0

相别	动作状态	图谱	时间（ms）
A	弧光		2.9
B	金属		3.0
B	弧光		2.8
C	金属		2.9

相别	动作状态	图谱	时间（ms）
C	弧光		2.8

注 技术协议规定判断时间不大于 3ms。

4.2.4 关键指标 3 验证——消弧整组动作时间

对于消弧消谐装置整组动作时间，设计了相关试验进行测试，验证其性能是否满足需求。

4.2.4.1 试验台参数及试验方法

（1）试验台接线。经三相调压器和升压变压器将 400V 升压到试验所需的 10kV 电压，用电感电容搭建的"L"型等效电路模拟 4 回出线，用不同的电感电容组合模拟各种试验频率。试验台原理接线图如图 4-24 所示。

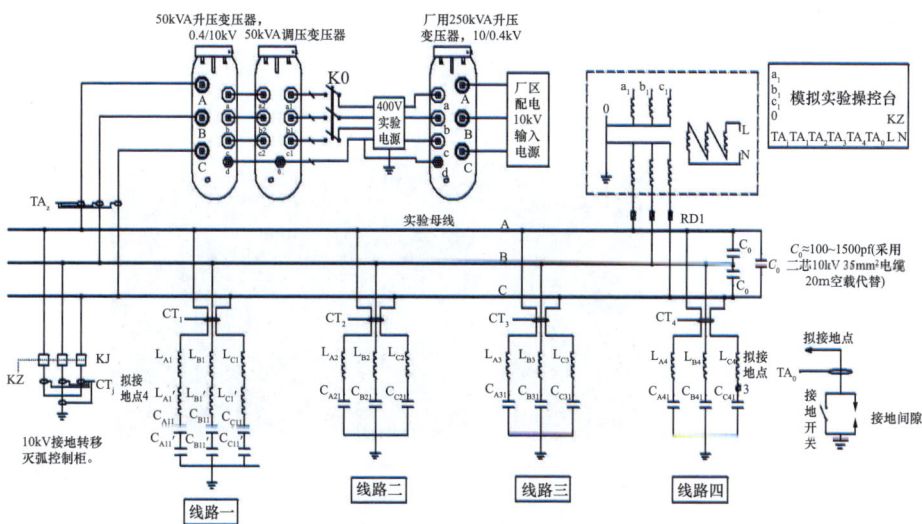

图 4-24 试验台原理接线图

（2）试验方法。选择表4-11试验台频率下，通过1：1试验台模拟弧光接地和金属接地。

表4-11 回路电容电感参数组合3

回路编号	1	2	3	4	相间
电容值（μF）	0.22	0.37	0.55	0.73	3根35mm² 电缆
电感（mH）	34	140	5	8	—
变更后振荡频率（Hz）	1839.788	906.818	3022.88	2075.76	—

4.2.4.2　试验结果

三相金属弧光共做6次试验，试验数据如表4-12所示。

表4-12 消弧整组动作时间

相别	动作状态	图谱	
A	金属		
		T1[2018-07-10 15:35:05.780900] T2[2018-07-10 15:35:05.790500] T4[0:00.0096]	
		动作时间	9.6ms
A	弧光		
		T1[2018-07-10 15:41:43.894100] T2[2018-07-10 15:41:43.903500] T4[0:00.0094]	
		动作时间	9.4ms

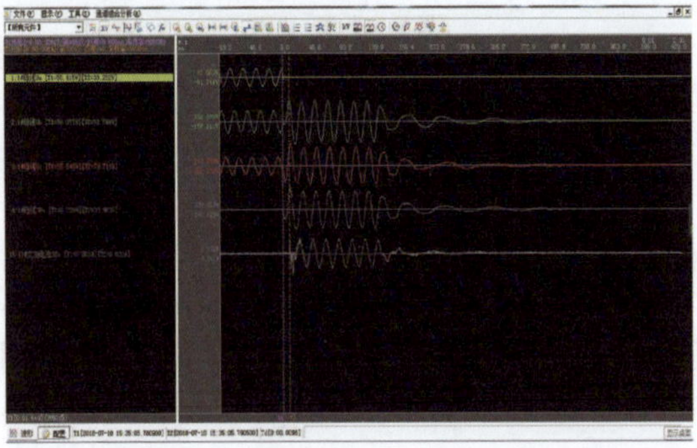

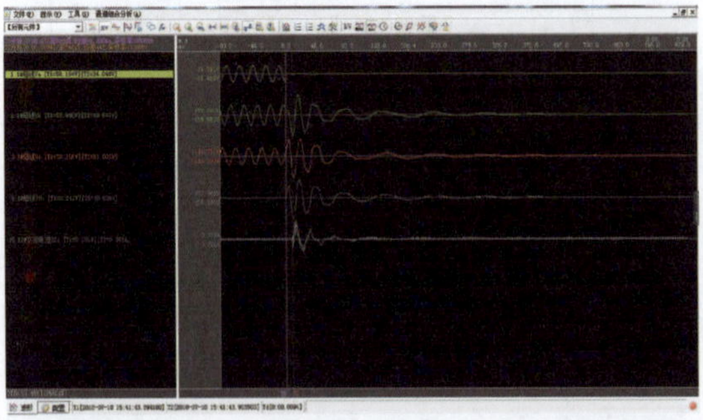

相别	动作状态	图谱
B	金属	
		T1[2018-07-10 15:43:36.276300] T2[2018-07-10 15:43:36.286100] Td[0:00.0098]
		动作时间 9.8ms
B	弧光	
		T1[2018-07-10 15:44:54.551500] T2[2018-07-10 15:44:54.560700] Td[0:00.0092]
		动作时间 9.2ms
C	金属	
		T1[2018-07-10 15:46:49.794900] T2[2018-07-10 15:46:49.804500] Td[0:00.0096]
		动作时间 9.6ms

相别	动作状态	图谱
C	弧光	
		T1[2018-07-10 15:48:03.565900] T2[2018-07-10 15:48:03.575100] Td[0:00.0092]
		动作时间 9.2ms

注 规定判断时间 10ms。

4.2.5 关键指标 4 验证——各种单相接地故障下故障类型判别、选线、选相准确率

对于单相接地故障条件下，设计了相关试验对故障类型判别、选线、选相的准确率进行了测试。

4.2.5.1 试验台参数及试验方法

（1）试验台接线。经三相调压器和升压变压器将 400V 升压到试验所需的 10kV 电压，用电感电容搭建的"L"型等效电路模拟 4 回出线，用不同的电感电容组合模拟各种试验频率。试验台原理接线图如图 4–25 所示。

（2）试验方法。

1）按表 4–13 中的电容电感参数组合 1 做金属接地故障试验。4 条线路随机选择线路和相别共做 36 次金属接地故障试验，验证选线选相准确率。

2）按表 4–13 中的电容电感参数组合 1 做弧光接地故障试验。4 条线路随机选择线路和相别做 33 次弧光接地故障试验，验证选线选相准确率。

3）按表 4–13 中的电容电感参数组合 1 做高阻接地故障试验。4 条线路随机选择线路和相别做 9 次高阻接地故障试验，验证选线选相准确率。

4）按表 4–14 中的电容电感参数组合 2 做金属接地故障试验。4 条线路随机选择线路和相别做 36 次金属接地故障试验，验证选线选相准确率。

5）按表 4–14 中的电容电感参数组合 2 做弧光接地故障试验。4 条线路

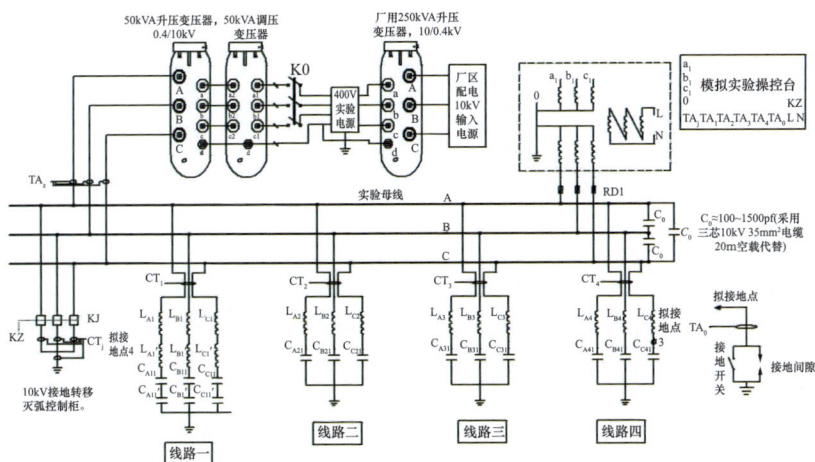

图 4-25 试验台原理接线图

表 4-13 回路电容电感参数组合 1

回路编号	1	2	3	4	相间
电容值（μF）	0.22	0.37	0.55	0.73	3 根 35mm^2 电缆
电感（mH）	5	8	34	140	—
变更后振荡频率（Hz）	4791.07	2920.43	1163.176	497.7518	

表 4-14 回路电容电感参数组合 2

回路编号	1	2	3	4	相间
电容值（μF）	0.22	0.37	0.55	0.73	3 根 35mm^2 电缆
电感（mH）	8	34	140	5	—
变更后振荡频率（Hz）	3789.94	1418.434	573.4732	2620.42	

随机选择线路和相别做 33 次弧光接地故障试验，验证选线选相准确率。

6）按表 4-14 中的电容电感参数组合 2 做高阻接地故障试验。4 条线路随机选择线路和相别做 9 次高阻接地故障试验，验证选线选相准确率。

7）按表 4-15 中的电容电感参数组合 3 做金属接地故障试验。4 条线路随机选择线路和相别做 36 次金属接地故障试验，验证选线选相准确率。

8）按表 4-15 中的电容电感参数组合 3 做弧光接地故障试验。4 条线路随机选择线路和相别做 33 次弧光接地故障试验，验证选线选相准确率。

表 4–15　　　　　　　　　　回路电容电感参数组合 3

回路编号	1	2	3	4	相间
电容值（μF）	0.22	0.37	0.55	0.73	3 根 35mm² 电缆
电感（mH）	34	140	5	8	—
变更后振荡频率（Hz）	1839.788	906.818	3022.88	2075.76	—

9）按表 4–15 中的电容电感参数组合 3 做高阻接地故障试验。4 条线路随机选择线路和相别做 9 次高阻接地故障试验，验证选线选相准确率。

10）按表 4–16 中的电容电感参数组合 4 做金属接地故障试验。4 条线路随机选择线路和相别做 36 次金属接地故障试验，验证选线选相准确率。

11）按表 4–16 中的电容电感参数组合 4 做弧光接地故障试验。4 条线路随机选择线路和相别做 33 次弧光接地故障试验，验证选线选相准确率。

表 4–16　　　　　　　　　　回路电容电感参数组合 4

回路编号	1	2	3	4	相间
电容值（μF）	0.22	0.37	0.55	0.73	3 根 35mm² 电缆
电感（mH）	140	5	8	34	—
变更后振荡频率（Hz）	906.818	3690.37	2393.38	1009.444	—

12）按表 4–16 中有电容电感参数组合 4 做高阻接地故障试验。4 条线路随机选择线路和相别做 9 次高阻接地故障试验，验证选线选相准确率。

4.2.5.2　试验结果

（1）按表 4–13 中的电容电感参数组合 1 做金属接地故障试验。4 条线路随机选择线路和相别共做 36 次金属接地故障试验，选线选相准确无误，试验数据如表 4–17 所示。

表 4–17　　　按回路电容电感参数组合 1 做金属接地故障试验记录表

试验项目	试验方法	次数	试验相别	试验线路	故障类型判别结果	选相结果	选线结果
金属接地故障	试验台参数按照组合 1 配置后，4 条线路随机选择线路和相别做试验，记录选线选相正确性	1	C	001	金属	C	001
		2	B	002	金属	B	002
		3	C	001	金属	C	001
		4	C	002	金属	C	002

试验项目	试验方法	次数	试验相别	试验线路	故障类型判别结果	选相结果	选线结果
金属接地故障	试验台参数按照组合1配置后，4条线路随机选择线路和相别做试验，记录选线选相正确性	5	B	002	金属	B	002
		6	B	003	金属	B	003
		7	B	003	金属	B	003
		8	B	001	金属	B	001
		9	A	004	金属	A	004
		10	A	001	金属	Λ	001
		11	A	001	金属	A	001
		12	A	004	金属	A	004
		13	B	001	金属	B	001
		14	B	001	金属	B	001
		15	B	004	金属	B	004
		16	A	002	金属	A	002
		17	A	003	金属	A	003
		18	A	002	金属	A	002
		19	C	003	金属	C	003
		20	C	003	金属	C	003
		21	C	001	金属	C	001
		22	A	003	金属	A	003
		23	A	004	金属	A	004
		24	A	004	金属	A	004
		25	A	001	金属	A	001
		26	B	004	金属	B	004
		27	A	004	金属	A	004
		28	B	002	金属	B	002
		29	B	001	金属	B	001
		30	C	001	金属	C	001
		31	C	003	金属	C	003
		32	C	004	金属	C	004
		33	C	004	金属	C	004
		34	A	002	金属	A	002
		35	B	002	金属	B	002
		36	C	001	金属	C	001

（2）按表 4-13 中的电容电感参数组合 1 做弧光接地故障试验。4 条线路随机选择线路和相别做 33 次弧光接地故障试验，选线选相准确无误，试验数据如表 4-18 所示。

表 4-18　　按回路电容电感参数组合 1 做弧光接地故障试验记录表

试验项目	试验方法	次数	试验相别	试验线路	故障类型判别结果	选相结果	选线结果
弧光接地故障	试验台参数按照组合 1 配置后，4 条线路随机选择线路和相别做试验，记录选线选相正确性	1	C	001	弧光	C	001
		2	B	002	弧光	B	002
		3	C	001	弧光	C	001
		4	C	002	弧光	C	002
		5	B	002	弧光	B	002
		6	B	003	弧光	B	003
		7	B	003	弧光	B	003
		8	B	001	弧光	B	001
		9	A	004	弧光	A	004
		10	A	001	弧光	A	001
		11	A	001	弧光	A	001
		12	A	004	弧光	A	004
		13	B	001	弧光	B	001
		14	B	001	弧光	B	001
		15	B	004	弧光	B	004
		16	A	002	弧光	A	002
		17	A	003	弧光	A	003
		18	A	002	弧光	A	002
		19	C	003	弧光	C	003
		20	C	003	弧光	C	003
		21	C	001	弧光	C	001
		22	A	003	弧光	A	003
		23	A	004	弧光	A	004
		24	A	004	弧光	A	004
		25	A	001	弧光	A	001
		26	B	004	弧光	B	004
		27	A	004	弧光	A	004

试验项目	试验方法	次数	试验相别	试验线路	故障类型判别结果	选相结果	选线结果
弧光接地故障	试验台参数按照组合 1 配置后，4 条线路随机选择线路和相别做试验，记录选线选相正确性	28	B	002	弧光	B	002
		29	B	001	弧光	B	001
		30	C	001	弧光	C	001
		31	C	003	弧光	C	003
		32	C	004	弧光	C	004
		33	C	004	弧光	C	004

（3）按表 4-13 中的电容电感参数组合 1 做高阻接地故障试验。4 条线路随机选择线路和相别做 9 次高阻接地故障试验，选线选相准确无误，试验数据如表 4-19 所示。

表 4-19　　　按回路电容电感参数组合 1 做高阻接地故障试验记录表

试验项目	试验方法	次数	高阻阻值（Ω）	试验相别	试验线路	故障类型判别结果	选相结果	选线结果
高阻接地故障	试验台参数按照组合 1 配置后，4 条线路随机选择线路和相别做试验，记录选线选相正确性。备注：试验台单相接地电容电流 10A	1	1500	A	003	高阻	A	003
		2	1000	A	002	高阻	A	002
		3	500	A	001	高阻	A	001
		4	1500	B	004	高阻	B	004
		5	1000	B	001	高阻	B	001
		6	500	B	001	高阻	B	001
		7	1500	C	002	高阻	C	002
		8	1000	C	001	高阻	C	001
		9	500	C	003	高阻	C	003

（4）按表 4-14 中的电容电感参数组合 2 做金属接地故障试验。4 条线路随机选择线路和相别做 36 次金属接地故障试验，选线选相准确无误，试验数据如表 4-20 所示。

（5）按表 4-14 中的电容电感参数组合 2 做弧光接地故障试验。4 条线路随机选择线路和相别做 33 次弧光接地故障试验，选线选相准确无误，试验数据如表 4-21 所示。

表 4-20　　按回路电容电感参数组合 2 做金属接地故障试验记录表

试验项目	试验方法	次数	试验相别	试验线路	故障类型判别结果	选相结果	选线结果
金属接地故障	试验台参数按照组合 2 配置后，4 条线路随机选择线路和相别做试验，记录选线选相正确性	1	C	001	金属	C	001
		2	C	002	金属	C	002
		3	A	003	金属	A	003
		4	A	004	金属	A	004
		5	C	002	金属	C	002
		6	C	001	金属	C	001
		7	B	002	金属	B	002
		8	B	002	金属	B	002
		9	B	003	金属	B	003
		10	B	004	金属	B	004
		11	B	004	金属	B	004
		12	B	002	金属	B	002
		13	C	002	金属	C	002
		14	A	001	金属	A	001
		15	A	002	金属	A	002
		16	B	002	金属	B	002
		17	A	002	金属	A	002
		18	A	002	金属	A	002
		19	C	002	金属	C	002
		20	C	002	金属	C	002
		21	B	001	金属	B	001
		22	B	002	金属	B	002
		23	A	003	金属	A	003
		24	A	003	金属	A	003
		25	B	003	金属	B	003
		26	B	004	金属	B	004
		27	B	002	金属	B	002
		28	A	002	金属	A	002
		29	A	004	金属	A	004
		30	A	004	金属	A	004
		31	C	002	金属	C	002

试验项目	试验方法	次数	试验相别	试验线路	故障类型判别结果	选相结果	选线结果
金属接地故障	试验台参数按照组合2配置后,4条线路随机选择线路和相别做试验,记录选线选相正确性	32	B	002	金属	B	002
		33	B	003	金属	B	003
		34	C	002	金属	C	002
		35	C	001	金属	C	001
		36	A	002	金属	A	002

表4-21　　按回路电容电感参数组合2做弧光接地故障试验记录表

试验项目	试验方法	次数	试验相别	试验线路	故障类型判别结果	选相结果	选线结果
弧光接地故障	试验台参数按照组合2配置后,4条线路随机选择线路和相别做试验,记录选线选相正确性	1	C	001	弧光	C	001
		2	C	002	弧光	C	002
		3	A	003	弧光	A	003
		4	A	004	弧光	A	004
		5	C	002	弧光	C	002
		6	C	001	弧光	C	001
		7	B	002	弧光	B	002
		8	B	002	弧光	B	002
		9	B	003	弧光	B	003
		10	B	004	弧光	B	004
		11	B	004	弧光	B	004
		12	B	002	弧光	B	002
		13	C	002	弧光	C	002
		14	A	001	弧光	A	001
		15	A	002	弧光	A	002
		16	B	002	弧光	B	002
		17	A	002	弧光	A	002
		18	A	002	弧光	A	002
		19	C	002	弧光	C	002
		20	C	002	弧光	C	002
		21	B	001	弧光	B	001
		22	B	002	弧光	B	002

试验项目	试验方法	次数	试验相别	试验线路	故障类型判别结果	选相结果	选线结果
弧光接地故障	试验台参数按照组合2配置后，4条线路随机选择线路和相别做试验，记录选线选相正确性	23	A	003	弧光	A	003
		24	A	003	弧光	A	003
		25	B	003	弧光	B	003
		26	B	004	弧光	B	004
		27	B	002	弧光	B	002
		28	A	002	弧光	A	002
		29	A	004	弧光	A	004
		30	A	004	弧光	A	004
		31	C	002	弧光	C	002
		32	B	002	弧光	B	002
		33	B	003	弧光	B	003

（6）按表4-14中的电容电感参数组合2做高阻接地故障试验。4条线路随机选择线路和相别做9次高阻接地故障试验，选线选相准确无误，试验数据如表4-22所示。

（7）按表4-15中的电容电感参数组合3做金属接地故障试验。4条线路随机选择线路和相别做36次金属接地故障试验，选线选相准确无误，试验数据如表4-23所示。

表4-22　　按回路电容电感参数组合2做高阻接地故障试验记录表

试验项目	试验方法	次数	高阻阻值	试验相别	试验线路	故障类型判别结果	选相结果	选线结果
高阻接地故障	试验台参数按照组合2配置后，4条线路随机选择线路和相别做试验，记录选线选相正确性	1	1500Ω	A	004	高阻	A	004
		2	1000Ω	A	003	高阻	A	003
		3	500Ω	A	002	高阻	A	002
		4	1500Ω	B	002	高阻	B	002
		5	1000Ω	B	001	高阻	B	001
		6	500Ω	B	003	高阻	B	003
		7	1500Ω	C	004	高阻	C	004
		8	1000Ω	C	001	高阻	C	001
		9	500Ω	C	002	高阻	C	002

表 4–23　　按回路电容电感参数组合 3 做金属接地故障试验记录表

试验项目	试验方法	次数	试验相别	试验线路	故障类型判别结果	选相结果	选线结果
金属接地故障	试验台参数按照组合 3 配置后，4 条线路随机选择线路和相别做试验，记录选线选相正确性	1	C	002	金属	C	002
		2	C	002	金属	C	002
		3	B	001	金属	B	001
		4	B	003	金属	B	003
		5	B	004	金属	B	004
		6	A	003	金属	A	003
		7	A	003	金属	A	003
		8	B	003	金属	B	003
		9	B	004	金属	B	004
		10	C	004	金属	C	004
		11	C	003	金属	C	003
		12	B	002	金属	B	002
		13	B	002	金属	B	002
		14	B	003	金属	B	003
		15	A	001	金属	A	001
		16	A	004	金属	A	004
		17	A	004	金属	A	004
		18	C	001	金属	C	001
		19	C	001	金属	C	001
		20	B	004	金属	B	004
		21	B	003	金属	B	003
		22	B	001	金属	B	001
		23	A	001	金属	A	001
		24	A	002	金属	A	002
		25	B	003	金属	B	003
		26	C	003	金属	C	003
		27	C	003	金属	C	003
		28	C	003	金属	C	003
		29	C	004	金属	C	004
		30	C	004	金属	C	004
		31	A	002	金属	A	002

试验项目	试验方法	次数	试验相别	试验线路	故障类型判别结果	选相结果	选线结果
金属接地故障	试验台参数按照组合 3 配置后，4 条线路随机选择线路和相别做试验，记录选线选相正确性	32	A	002	金属	A	002
		33	A	003	金属	A	003
		34	C	003	金属	C	003
		35	C	004	金属	C	004
		36	B	003	金属	B	003

（8）按表 4-15 中的电容电感参数组合 3 做弧光接地故障试验。4 条线路随机选择线路和相别做 33 次弧光接地故障试验，选线选相准确无误，试验数据如表 4-24 所示。

表 4-24　　按回路电容电感参数组合 3 做弧光接地故障试验记录表

试验项目	试验方法	次数	试验相别	试验线路	故障类型判别结果	选相结果	选线结果
弧光接地故障	试验台参数按照组合 3 配置后，4 条线路随机选择线路和相别做试验，记录选线选相正确性	1	C	002	弧光	C	002
		2	C	002	弧光	C	002
		3	B	001	弧光	B	001
		4	B	003	弧光	B	003
		5	B	004	弧光	B	004
		6	A	003	弧光	A	003
		7	A	003	弧光	A	003
		8	B	003	弧光	B	003
		9	B	004	弧光	B	004
		10	C	004	弧光	C	004
		11	C	003	弧光	C	003
		12	B	002	弧光	B	002
		13	B	002	弧光	B	002
		14	B	003	弧光	B	003
		15	A	001	弧光	A	001
		16	A	004	弧光	A	004
		17	A	004	弧光	A	004
		18	C	001	弧光	C	001

试验项目	试验方法	次数	试验相别	试验线路	故障类型判别结果	选相结果	选线结果
弧光接地故障	试验台参数按照组合3配置后，4条线路随机选择线路和相别做试验，记录选线选相正确性	19	C	001	弧光	C	001
		20	B	004	弧光	B	004
		21	B	003	弧光	B	003
		22	B	001	弧光	B	001
		23	A	001	弧光	A	001
		24	A	002	弧光	A	002
		25	B	003	弧光	B	003
		26	C	003	弧光	C	003
		27	C	003	弧光	C	003
		28	C	003	弧光	C	003
		29	C	004	弧光	C	004
		30	C	004	弧光	C	004
		31	A	002	弧光	A	002
		32	A	002	弧光	A	002
		33	A	003	弧光	A	003

（9）按表4–15中的电容电感参数组合3做高阻接地故障试验。4条线路随机选择线路和相别做9次高阻接地故障试验，选线选相正确无误。试验数据如表4–25所示。

表4–25　　按回路电容电感参数组合3做高阻接地故障试验记录表

试验项目	试验方法	次数	高阻阻值	试验相别	试验线路	故障类型判别结果	选相结果	选线结果
高阻接地故障	试验台参数按照组合3配置后，4条线路随机选择线路和相别做试验，记录选线选相正确性	1	1500Ω	A	001	高阻	A	001
		2	1000Ω	A	002	高阻	A	002
		3	500Ω	A	003	高阻	A	003
		4	1500Ω	B	004	高阻	B	004
		5	1000Ω	B	002	高阻	B	002
		6	500Ω	B	001	高阻	B	001
		7	1500Ω	C	003	高阻	C	003
		8	1000Ω	C	002	高阻	C	002
		9	500Ω	C	004	高阻	C	004

（10）按表 4-16 中的电容电感参数组合 4 做金属接地故障试验。4 条线路随机选择线路和相别做 36 次金属接地故障试验，选线选相准确无误，试验数据如表 4-26 所示。

表 4-26　　按回路电容电感参数组合 4 做金属接地故障试验记录表

试验项目	试验方法	次数	试验相别	试验线路	故障类型判别结果	选相结果	选线结果
金属接地故障	试验台参数按照组合 4 配置后，4 条线路随机选择线路和相别做试验，记录选线选相正确性	1	A	004	金属	A	004
		2	A	004	金属	A	004
		3	B	001	金属	B	001
		4	B	004	金属	B	004
		5	C	004	金属	C	004
		6	A	003	金属	A	003
		7	A	003	金属	A	003
		8	A	004	金属	A	004
		9	C	001	金属	C	001
		10	C	001	金属	C	001
		11	C	004	金属	C	004
		12	B	004	金属	B	004
		13	B	003	金属	B	003
		14	B	002	金属	B	002
		15	C	004	金属	C	004
		16	A	004	金属	A	004
		17	A	002	金属	A	002
		18	A	002	金属	A	002
		19	A	004	金属	A	004
		20	C	003	金属	C	003
		21	C	001	金属	C	001
		22	C	004	金属	C	004
		23	A	003	金属	A	003
		24	B	002	金属	B	002
		25	B	004	金属	B	004
		26	A	001	金属	A	001
		27	A	001	金属	A	001

试验项目	试验方法	次数	试验相别	试验线路	故障类型判别结果	选相结果	选线结果
金属接地故障	试验台参数按照组合4配置后，4条线路随机选择线路和相别做试验，记录选线选相正确性	28	B	004	金属	B	004
		29	C	004	金属	C	004
		30	C	002	金属	C	002
		31	B	004	金属	B	004
		32	B	003	金属	B	003
		33	C	004	金属	C	004
		34	C	002	金属	C	002
		35	C	002	金属	C	002
		36	C	004	金属	C	004

（11）按表4-16中的电容电感参数组合4做弧光接地故障试验。4条线路随机选择线路和相别做33次弧光接地故障试验，选线选相正确无误。试验数据如表4-27所示。

表4-27　　按回路电容电感参数组合4做弧光接地故障试验记录表

试验项目	试验方法	次数	试验相别	试验线路	故障类型判别结果	选相结果	选线结果
弧光接地故障	试验台参数按照组合4配置后，4条线路随机选择线路和相别做试验，记录选线选相正确性	1	A	004	弧光	A	004
		2	A	004	弧光	A	004
		3	B	001	弧光	B	001
		4	B	004	弧光	B	004
		5	C	004	弧光	C	004
		6	A	003	弧光	A	003
		7	A	003	弧光	A	003
		8	A	004	弧光	A	004
		9	C	001	弧光	C	001
		10	C	001	弧光	C	001
		11	C	004	弧光	C	004
		12	B	004	弧光	B	004
		13	B	003	弧光	B	003
		14	B	002	弧光	B	002
		15	C	004	弧光	C	004

试验 项目	试验方法	次数	试验相别	试验线路	故障类型 判别结果	选相结果	选线结果
弧光 接地 故障	试验台参数按照组合 4 配置后，4 条线路随机选择线路和相别做试验，记录选线选相正确性	16	A	004	弧光	A	004
		17	A	002	弧光	A	002
		18	A	002	弧光	A	002
		19	A	004	弧光	A	004
		20	C	003	弧光	C	003
		21	C	001	弧光	C	001
		22	C	004	弧光	C	004
		23	A	003	弧光	A	003
		24	B	002	弧光	B	002
		25	B	004	弧光	B	004
		26	A	001	弧光	A	001
		27	A	001	弧光	A	001
		28	B	004	弧光	B	004
		29	C	004	弧光	C	004
		30	C	002	弧光	C	002
		31	B	004	弧光	B	004
		32	B	003	弧光	B	003
		33	C	004	弧光	C	004

（12）按表 4-16 中的电容电感参数组合 4 做高阻接地故障试验。4 条线路随机选择线路和相别做 9 次高阻接地故障试验，选线选相准确无误，试验数据如表 4-28 所示。

表 4-28　　按回路电容电感参数组合 4 做高阻接地故障试验记录表

试验 项目	试验方法	次数	高阻阻值	试验相别	试验线路	故障类型 判别结果	选相 结果	选线结果
高阻 接地 故障	试验台参数按照组合 4 配置后，4 条线路随机选择线路和相别做试验，记录选线选相正确性	1	1500Ω	A	002	高阻	A	002
		2	1000Ω	A	004	高阻	A	004
		3	500Ω	A	003	高阻	A	003
		4	1500Ω	B	001	高阻	B	001
		5	1000Ω	B	002	高阻	B	002
		6	500Ω	B	004	高阻	B	004

试验项目	试验方法	次数	高阻阻值	试验相别	试验线路	故障类型判别结果	选相结果	选线结果
高阻接地故障	试验台参数按照组合 4 配置后，4 条线路随机选择线路和相别做试验，记录选线选相正确性	7	1500Ω	C	003	高阻	C	003
		8	1000Ω	C	001	高阻	C	001
		9	500Ω	C	004	高阻	C	004

4.2.6　电压互感器断线故障验证试验

通过一次送电前随机去除一相电压互感器熔丝，考核装置报警情况，试验结果如表 4-29 所示，10 次试验报警全部正确。

表 4-29　　　　　　　　　　电压互感器断线故障试验记录表

试验项目	次数	试验相别	动作情况	报警相别
去除一相 TV 熔丝	1	A	装置报警	A
	2	C	装置报警	C
	3	B	装置报警	B
	4	A	装置报警	A
	5	C	装置报警	C
	6	B	装置报警	B
	7	A	装置报警	A
	8	A	装置报警	A
	9	C	装置报警	C
	10	A	装置报警	A

4.2.7　温升试验

装置按额定电流 1250A 的 1.1 倍进行持续通流，对关键点进行温度测量，如表 4-30 所示。

表 4-30　　　　　　　　　　电压互感器温升试验记录表

时间 ＼ 测量点	下连接排温度（℃）	上连接排温度（℃）	柜体内壁温度（℃）	测量电流（A）	环境温度（℃）
14：30	58.1	56.9	33.7	1375	32.1

测量点 时间	下连接排温度 （℃）	上连接排温度 （℃）	柜体内壁温度 （℃）	测量电流（A）	环境温度 （℃）
15：00	62.7	59.2	34.5	1381	31.8
15：30	63.9	60.7	34.9	1376	31.7
16：00	64.9	61.2	35.1	1385	31.6
16：30	65.4	61.9	35.4	1379	31.4
17：00	65.9	62.3	35.7	1380	31.2
17：30	66.2	62.7	35.7	1381	31.1
18：00	66.8	63.1	35.9	1374	31.0
18：30	66.7	63.4	36.1	1376	30.8
19：00	67.1	63.2	36.0	1382	30.7
19：30	67.4	63.7	36.3	1377	30.6
20：00	67.5	63.4	36.2	1381	30.4

试验结果：下连接排温升 37.1K，上连接排温升 33.0K，柜体内壁温升 5.8K。

4.2.8　试验结果确认

4.2.8.1　现场试验图片

现场图片如图 4-26 所示。

4.2.8.2　测试结论

快速开关型消弧消谐装置的开关合分闸时间（合闸时间<7ms，分闸时间

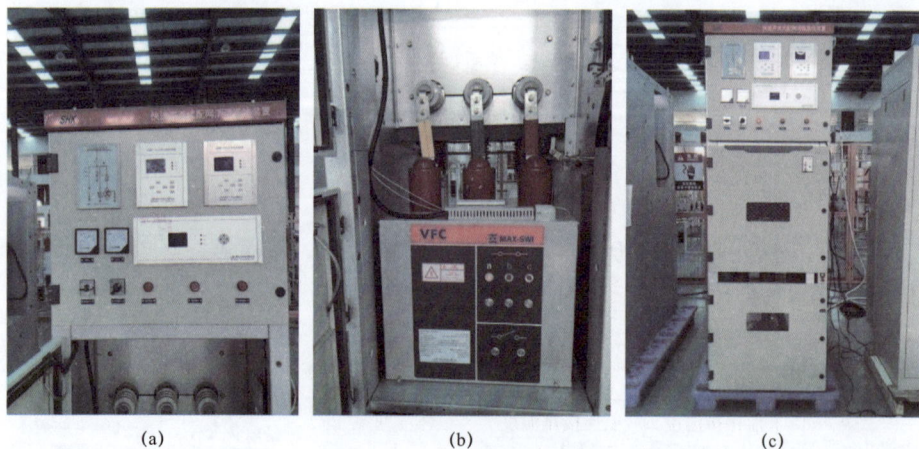

图 4-26　现场试验图片（一）

(a) 装置面板；(b) 快速开关；(c) 装置正面 1

(d)

(e)

(f)

(g)

(h)

(i)

(j)

(k)

(l)

图 4-26 现场试验图片（二）

(d) 选线装置；(e) 装置正面 2；(f) 装置正面 3；(g) 装置正面 4；(h) 装置背面 1；
(i) 装置背面 2；(j) 试验台 1；(k) 试验台 2；(l) 试验台 3

图 4-26　现场试验图片（三）

(m) 试验台 4；(n) 试验台 5；(o) 试验台 6；(p) 试验接线 1；(q) 试验接线 2；(r) 打开后装置面板

<3ms），单相接地控制器判断时间（<3ms），消弧整组动作时间（<10ms）均满足要求；单相接地故障下选线选相成功率 100%；金属接地、弧光接地、高阻抗接地、互感器断线判别准确路不低于 90%；额定电流下关键点的温升均满足要求。

4.3　挂网试运行及现场试验

样机通过性能试验验证后，在进行挂网试运行过程中，需要通过现场试验进一步验证其功能，下面将讨论样机的挂网运行及现场试验。

4.3.1 挂网运行方案

快速开关型消弧消谐装置根据功能配置，需要在站内及站外安装相关组件并进行系统调试，下面对挂网运行方案进行介绍。

4.3.1.1 挂网整体设计思路

快速开关型消弧消谐装置由站内快速开关消弧消谐装置（包括站内选线模块）、选线装置、分相户外柱上接地开关、同步测量装置、各装置的通信模块及系统网控机组成，如图 4-27 所示。

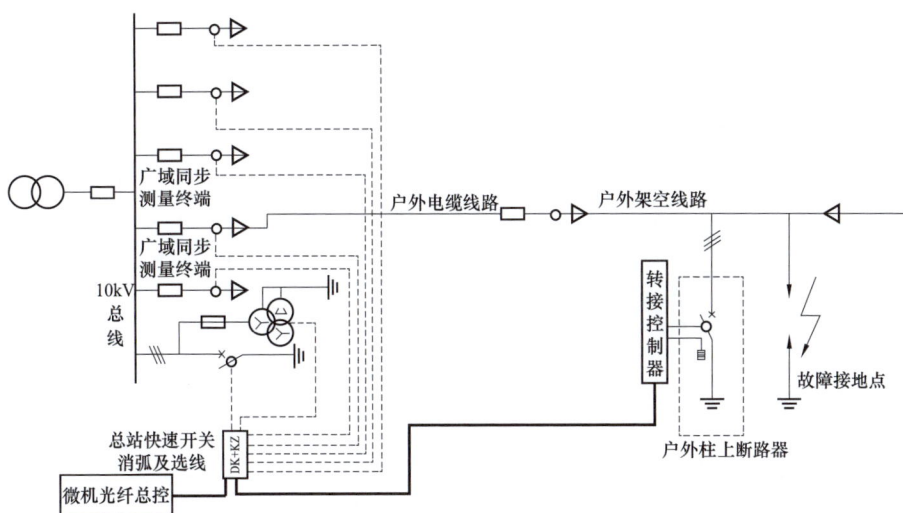

图 4-27 整体设计思路

各功能单元的配合及说明：

（1）总站配置开关消弧及总站型组网选线。开关消弧负责整条母线的接地故障控制，将线路接地故障转换为总站稳定的金属接地。

总站组网选线负责整条母线的故障定位，总站选线和分站选线通过光纤进行数据交换。

（2）户外架空线路配置分相户外柱上接地开关。总站消弧柜动作接地后，因负荷电流和线路阻抗影响会在线路故障点形成一个危险电压，此电压对人体安全也会造成伤害。分相户外柱上接地开关负责将接地点附近电压钳制在安全范围内。

动作逻辑：总站消弧开关动作后，通过光纤及总控发信号给分相户外柱上开关对应相合闸。总站消弧开关复归后，通过光纤及总控发信号给分相户外柱上开关对应相分闸。分相户外柱上开关同时将自身辅助接点通过光纤反馈给总站消弧控制器参与辅助判断。

（3）光纤总控。负责各功能单元数据连接及传输，并将总站消弧和选线结果报给微机总控。同时将相关的电压电流监测量及故障时录波数据传送至微机总控。

（4）微机总控。负责将总控（各功能单元的数据）传送提报给用户综合自动化后台。用户综合自动化后台的指令反馈给总控。

4.3.1.2　现场安装方案

经过现场考察，安装位置如图 4-28 和图 4-29 所示。

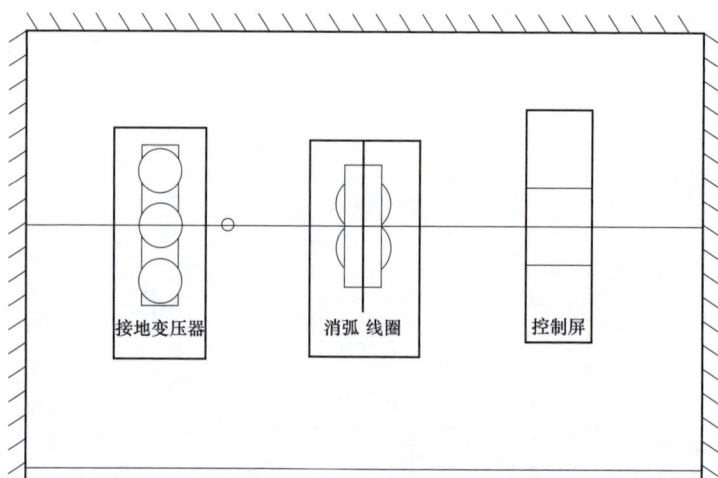

图 4-28　原接地变压器消弧线圈位置（平面俯视图）

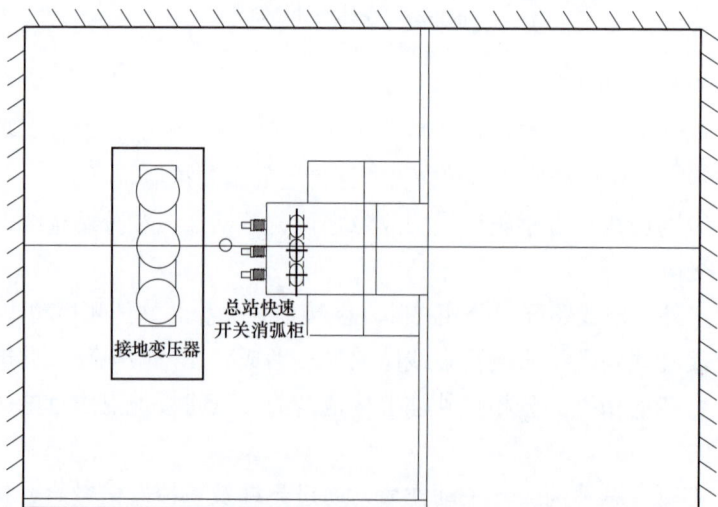

图 4-29　安装总站型快速开关消弧装置改造后布置图（平面俯视图）

图 4–30 盈北 110kV
变电站消弧柜现场
安装图

图 4–31 盈北 110kV
变电站选线装置现场
安装图

图 4–32 盈北 110kV
变电站柱上开关现场
安装图

图 4–33 广域同步测
量装置现场安装图

在盈北 110kV 变电站接地变压器室安装快速开关型消弧消谐装置一套，现场安装图如图 4–30 所示。

在盈北 110kV 变电站保护变压器室安装选线装置一套，如图 4–31 所示。

在盈北 110kV 变电站盈教二回线 2 号杆处安装户外柱上开关一套，如图 4–32 所示。

在盈北 110kV 变电站盈教二回线和新联西线出线布置广域同步测量装置，如图 4–33 所示，配合消弧消谐装置实现故障定位和高阻接地故障的判别，共计 6 个点，见表 4–31。

表 4–31 广域同步测量装置现场安装位置

序号	装置	安装线路及杆号	
1	零序电压测量装置	盈北 110kV 变电站	
2	相电压测量装置	盈北 110kV 变电站	
3	SGS–001L	524 盈教二回线	沙城分支 1 号杆
4	SGS–001L	524 盈教二回线	沙城分支 23 号杆
5	SGS–001L	524 盈教二回线	沙城分支 37–1 号杆
6	SGS–001L	524 盈教二回线	沙城分支 45 号杆
7	SGS–001L	526 新联西线	1 号杆
8	SGS–001L	526 新联西线	15 号杆入线

4.3.2 现场试验目的、对象及依据

国网银川供电公司盈北 110kV 变电站 10kV 系统消弧柜性能试验方案围绕验证中性点非有效接地系统中的消弧柜性能是否满足要求；验证在运故障

接地选线装置是否能够正确识别中性点非有效接地系统的单相接地故障，在现场利用人工单相接地法开展性能试验，邀请西安交通大学电力设备电气绝缘国家重点实验室现场见证。

本次试验对象分别为消弧消谐柜及故障接地选线系统。对于消弧消谐柜，采用人工单相金属接地、弧光接地及高阻接地，开展系统电容电流、转移电流及持续时间、消弧消谐柜接地开关动作时间等参数测试；对于故障接地选线系统，采用人工单相金属接地、弧光接地及高阻接地模拟中性点非有效接地系统的单相接地，考核故障接地选线装置是否能够及时、准确判别接地间隔及相别。

本次试验的依据为：

DL/T 872—2004《小接地电流系统单相接地保护装置》、Q/GDW 369—2009《小电流接地系统单相接地故障选线装置技术规范》。

4.3.3　试验用仪器设备

本次试验所需仪器设备参见表4–32。

表 4–32　　　　　　　　　　　试验用仪器设备

序号	名称	单位	数量	备注
1	快速接地开关	台	2	额定电压 35kV，可电动分合
2	电流互感器	台	1	变比 500/1
3	接地电阻表	套	1	4105A 型
4	人工接地模型	套	1	含金属接地、弧光接地、高阻接地
5	暂态参数记录仪	台	3	采样率 10MHz，记录长度 5s
6	绝缘操作杆	副	2	330kV 绝缘操作杆
7	绝缘导线	根	5	10kV
8	接地线	根	4	截面积 ≥ 16mm^2
9	测试导线	根	4	4×100m，截面积 ≥ 2.5mm^2
10	绝缘手套	副	2	10kV
11	绝缘靴	双	2	10kV
12	环氧绝缘板	张	1	厚度 ≥ 5mm^2，规格 ≥ 300mm × 300mm
13	线包线	包	3	插针、插片及连接件齐全
14	电源盘	个	2	220V
15	电源适配器	个	1	车载式

序号	名称	单位	数量	备注
16	汽油发电机	台	1	220V
17	验电器	支	1	10kV
18	万用表、工具、围栏等	套	1	配备齐全
19	高压电阻	支	4	底座、拉筋齐全（单支500Ω）

4.3.4　试验条件

4.3.4.1　通用实验条件

（1）试验应在良好的气候条件下进行，严禁在雨、雪、雾、大风等恶劣气候情况下进行。

（2）试验时变电站不得安排其他检修试验工作，以避免交叉作业。

（3）试验前应核对被测系统的运行方式。

（4）试验前，被测系统应正常，无单相接地或其他缺陷；必要时，应对拟人工接地线路间隔断路器进行检查，确保其能可靠动作；应将被测系统的自动重合闸装置退出运行，对三段式线路保护装置做全面的校验。

（5）线路宜选有接地装置的杆塔，避免采用变台的接地装置；如距离太远而无法实现，则应就地做临时接地装置，接地装置的接地电阻应小于20Ω，试验接地点、快速接地开关、绝缘导线挂接点8m半径范围内应使用围栏进行隔离，试验开始后任何人不得进入此围栏；如接地装置的接地电阻无法降至20Ω以下，应根据接地阻抗及短路电流考虑跨步电压等情况，做好人员及设备安全防护措施。

（6）试验前必须检查测试仪器是否正常，试验仪器接线是否存在短路或断路情况。

（7）故障接地选线系统功能完善，并正常投入运行。

4.3.4.2　消弧消谐柜

（1）测试前应核实消弧消谐柜电压、电流采样信号相序是否正确。

（2）测试前应使用数字模拟装置对消弧消谐装置进行校验，确认消弧消谐装置判断逻辑是否正确。

（3）除被测消弧消谐装置，该系统其余消弧装置应暂时退出运行。

4.3.4.3　接地选线装置

试验前国网银川供电公司对接地选线装置进行系统检查和试验，确保其接线正确、操作正常、信号上传正确，可正常投入运行。

4.3.5 试验方法

通过人工单相金属接地、弧光接地、高阻接地的方法模拟中性点非有效接地系统单相接地，判断消弧消谐装置是否能够正确、及时的补偿或转移接地电容电流，同时验证故障接地选线系统判断结果是否正确。

消弧消谐柜及人工模拟接地的试验接线如图 4-34 所示。快速开关进线侧与被试线路待接地相可靠连接，出线侧经测量电流互感器可靠接地，接线过程中快速开关始终保持在分位。将暂态参数记录仪电流通道串入测量电流互感器回路。同时将消弧消谐装置处三相电压、接地电流以及零序电压接入暂态参数记录仪。试验中用 10kV 电压互感器监测高压端（人工接地模型母线端）电压，若电压在低压表计量程内，则合上 2 号快速开关读出具体数值。

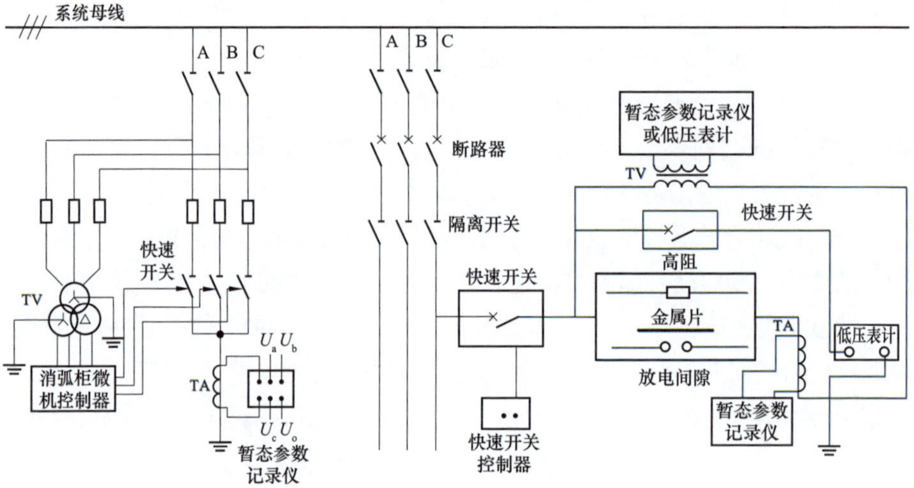

图 4-34　消弧消谐柜及人工模拟接地的试验接线

试验前应认真检查消弧消谐柜，保证设备正常，各路信号相序正确并经过数字模拟装置验证。

在消弧消谐柜冷备用状态，采用二次注入法或人工单相金属接地测试系统电容电流；消弧消谐柜投入后，试验采用人工单相金属、弧光接地和高阻接地的方法模拟 10kV 系统运行中的单相接地，测试数据，判断消弧消谐柜是否能够正确、及时的转移接地电容电流，接地选线装置是否能够及时、准确判别接地间隔及相别。其中弧光接地采用放电球隙实现，高阻接地通过 4 支单柱阻值 500Ω，吸收能量 175kJ 的电阻片串并联实现。

4.3.6 试验步骤

主要试验步骤为：

（1）勘查现场，变电站内确定系统电压、中性点电压（开口三角电压）、接地电流取点位置，线路接地点侧核实线路接地点位置、复测接地点接地电阻值满足要求。

（2）按照公司安全管理有关规定，办理工作票。由供电公司指定的保护配合人员办理变电站内二种工作票，配电网带电作业人员办理线路带电作业票，电科院试验人员办理线路接地点试验测试用线路工作票。

（3）由变电站运行人员做好安全措施后，试验负责人及安全监护人对安全措施进行核实，确证无误后宣读工作票和工作范围及危险点，带领全体试验人员进入现场，按照试验分工进行准备工作。其中，远端为524盈教二回034处，中端为524盈教二回014处。

4.3.6.1 投运消弧消谐装置情况下金属性接地（远端C相）

金属接地试验步骤为：

（1）现场试验指挥命令投入消弧柜装置，运行人员合消弧消谐柜的隔离开关，投入消弧柜装置。

（2）变电站试验人员记录消弧柜装置电流和电压波形是否正常。

（3）现场试验指挥命令金属性接地试验开始，在消弧消谐装置投入的情况下，试验人员合人工接地点快速开关，测试人员对各相关的电压、电流进行测量和记录，对消弧柜装置保护屏数据进行记录，对接地选线装置信息进行记录。

（4）持续1min，测试完成后，试验人员分人工接地点快速开关，试验负责人指定人员对快速开关放电间隙侧进行安全接地，如系统和装置均无异常，消弧消谐装置金属性接地测试工作完成。

4.3.6.2 投运消弧消谐装置情况下弧光接地（远端B相）

弧光接地试验步骤为：

（1）负责人命令供电公司配电网带电作业人员对接线进行换相。

（2）通过合理设置放电球隙间距，模拟投运消弧柜下的弧光接地。

（3）去除快速开关放电间隙侧的安全接地后，向现场试验指挥报告准备工作完成。

（4）现场试验指挥命令接地试验开始，在消弧消谐装置投入的情况下，试验人员合人工接地点快速开关，测试人员对各相关的电压、电流进行测量和记录，对消弧消谐装置保护屏数据进行记录，对接地选线装置信息进行记录。

（5）持续 1min，测试完成后，试验人员分人工接地点开关，如系统和装置均无异常，试验负责人指定人员对快速开关放电间隙侧进行安全接地，消弧消谐装置弧光性接地测试工作完成。

4.3.6.3 投运消弧消谐装置情况下高阻接地（中端 A 相）

高阻接地试验步骤为：

（1）将接地试验现场转移至线路中端处。

（2）通过 4 支单柱 500Ω 电阻串并联（有中间抽头）出 100Ω 高压电阻，做第一次高阻接地试验。

（3）去除快速开关高电阻侧的安全接地后，向现场试验指挥报告准备工作完成。

（4）现场试验指挥命令接地试验开始，在消弧消谐装置投入的情况下，试验人员合人工接地点快速开关，测试人员对各相关的电压、电流进行测量和记录，对消弧消谐装置保护屏数据进行记录，对接地选线装置信息进行记录。

（5）持续 1min，测试完成后，试验人员分人工接地点开关，如系统和装置均无异常，试验负责人指定人员对快速开关高阻侧进行安全接地。

（6）根据开口三角电压值（20V 为基准），调整高阻阻值（备选 200Ω 或 500Ω），做第二次高阻接地试验。

（7）去除快速开关高电阻侧的安全接地后，向现场试验指挥报告准备工作完成。

（8）现场试验指挥命令接地试验开始，在消弧消谐装置投入的情况下，试验人员合人工接地点快速开关，测试人员对各相关的电压、电流进行测量和记录，对消弧消谐装置保护屏数据进行记录，对接地选线装置信息进行记录。

（9）持续 1min，测试完成后，试验人员分人工接地点开关，如系统和装置均无异常，试验负责人指定人员对快速开关高阻侧进行安全接地。

（10）根据开口三角电压值（20V 为基准），调整高阻阻值（备选 500Ω 或 1000Ω），做第三次高阻接地试验。

（11）去除快速开关高电阻侧的安全接地后，向现场试验指挥报告准备工作完成。

（12）现场试验指挥命令接地试验开始，在消弧消谐装置投入的情况下，试验人员合人工接地点快速开关，测试人员对各相关的电压、电流进行测量和记录，对消弧消谐装置保护屏数据进行记录，对接地选线装置信息进行记录。

（13）持续 1min，测试完成后，试验人员分人工接地点开关，如系统和装置均无异常，试验负责人指定人员对快速开关高阻侧进行安全接地。

（14）根据开口三角电压值（20V 为基准），调整高阻阻值（备选 1500Ω 或 2000Ω），做第四次高阻接地试验。

（15）去除快速开关高电阻侧的安全接地后，向现场试验指挥报告准备工作完成。

（16）现场试验指挥命令接地试验开始，在消弧消谐装置投入的情况下，试验人员合人工接地点快速开关，测试人员对各相关的电压、电流进行测量和记录，对消弧消谐装置保护屏数据进行记录，对接地选线装置信息进行记录。

（17）持续 1min，测试完成后，试验人员分人工接地点开关，如系统和装置均无异常，试验负责人指定人员对快速开关高阻侧进行安全接地。

（18）配电网带电作业人员摘除线路接地点 10kV 绝缘导线，测试工作完成，汇报现场试验指挥。

（19）试验负责人命令指定人员将接地线及全部测试线摘除，测试仪器设备退出现场，运行人员进行检查，结束工作票。消弧柜装置恢复原运行方式。

4.3.6.4　投运消弧消谐装置情况下金属性接地（中端 A 相）

金属接地（A 相）试验步骤为：

（1）现场试验指挥命令投入消弧柜装置，运行人员合消弧消谐柜的隔离开关，投入消弧柜装置。

（2）变电站试验人员记录消弧柜装置电流和电压波形是否正常。

（3）现场试验指挥命令金属性接地试验开始，在消弧消谐装置投入的情况下，试验人员合人工接地点快速开关，测试人员对各相关的电压、电流进行测量和记录，对消弧柜装置保护屏数据进行记录，对接地选线装置信息进行记录。

（4）持续 1min，测试完成后，试验人员分人工接地点快速开关，试验负责人指定人员对快速开关放电间隙侧进行安全接地，如系统和装置均无异常，消弧消谐装置金属性接地测试工作完成。

4.3.6.5　投运消弧消谐装置情况下弧光接地（中端 A 相）

弧光接地（A 相）试验步骤为：

（1）负责人命令供电公司配电网带电作业人员对接线进行换相。

（2）通过合理设置放电球隙间距，模拟投运消弧柜下的弧光接地。

（3）去除快速开关放电间隙侧的安全接地后，向现场试验指挥报告准备工作完成。

（4）现场试验指挥命令接地试验开始，在消弧消谐装置投入的情况下，试验人员合人工接地点快速开关，测试人员对各相关的电压、电流进行测量和记录，对消弧消谐装置保护屏数据进行记录，对接地选线装置信息进行记录。

（5）持续1min，测试完成后，试验人员分人工接地点开关，如系统和装置均无异常，试验负责人指定人员对快速开关放电间隙侧进行安全接地，消弧消谐装置弧光性接地测试工作完成。

4.3.7　试验数据

进行现场试验后，对采集到的数据进行分析整理，下面对数据及结果进行介绍。

4.3.7.1　测点说明

试验位置为盈教二回沙城线 14 号（中端）、34 号杆塔（远端），分别为接地点 2 与接地点 1；其中 2 号杆塔接地电阻 8.2Ω，1 号杆塔接地电阻 40Ω；接地点电压互感器变比 120∶1，站内电压互感器变比 100∶1；接地点电压互感器变比 100∶1，站内电压互感器变比 100∶1。

4.3.7.2　试验记录

现场测试结果如表 4-33 所示。

表 4-33　　　　　　　　　　试验记录数据

序号	地点	故障类型	接地电流（最大值，A）	残压（有效值，V）	选线选相结果
1	盈教二回沙城线 34 号杆塔	C 相金属接地	141.6	—	正确
2	盈教二回沙城线 34 号杆塔	B 相弧光接地	346.8	—	正确
3	盈教二回沙城线 14 号杆塔	A 相金属接地	265.2	6.6	正确
4	盈教二回沙城线 14 号杆塔	A 相弧光接地	226.8	5.7	正确
5	盈教二回沙城线 14 号杆塔	A 相高阻接地（100Ω）	84	29	正确
6	盈教二回沙城线 14 号杆塔	A 相高阻接地（200Ω）	51.6	33	正确

4.3.7.3　检测结果

测试记录波形如表 4-34 和表 4-35 所示。

表 4–34 　　　　　　　　　　　　　　　　　试验残压记录数据

地点	图谱	残压（有效值，V）
盈教二回沙城线 14 号杆塔 A 相金属接地		6.6
盈教二回沙城线 14 号杆塔 A 相弧光接地		5.7
盈教二回沙城线 14 号杆塔 A 相高阻接地（100Ω）		29

地点	图谱	残压（有效值，V）
盈教二回沙城线 14 号杆塔 A 相高阻接地（200Ω）		33

表 4-35　　　　　　　　　　　　　试验选相选线结果

地点	故障类型	图谱	选线选相结果
盈教二回沙城线 34 号杆塔	C 相金属接地		正确
盈教二回沙城线 34 号杆塔	B 相弧光接地		正确

地点	故障类型	图谱	选线选相结果
盈教二回沙城线14号杆塔	A相金属接地		正确
盈教二回沙城线14号杆塔	A相弧光接地		正确
盈教二回沙城线14号杆塔	A相高阻接地（100Ω）		正确

続表

地点	故障类型	图谱	选线选相结果
盈教二回沙城线14号杆塔	A相高阻接地（200Ω）		正确

注　图中通道 1-1 为开口三角电压，1-2A 为相电压，2-1B 为相电压，2-2 为 C 相电压，3-1 为零序电流。

4.3.7.4　故障定位结果

测试故障定位结果分别如图 4-35~ 图 4-40 所示，定位结果均正确。

4.3.7.5　测试结论

通过对整套装置在盈北变盈教二回沙城线 14 号（中端）、34 号杆塔（远端）搭建人工接地点实现金属、弧光、高阻接地故障，验证整套装置的性能指标，实验结果表明 6 次接地实验装置选线选相结果均正确，故障点残压小于 36V，6 次故障定位结果均正确。

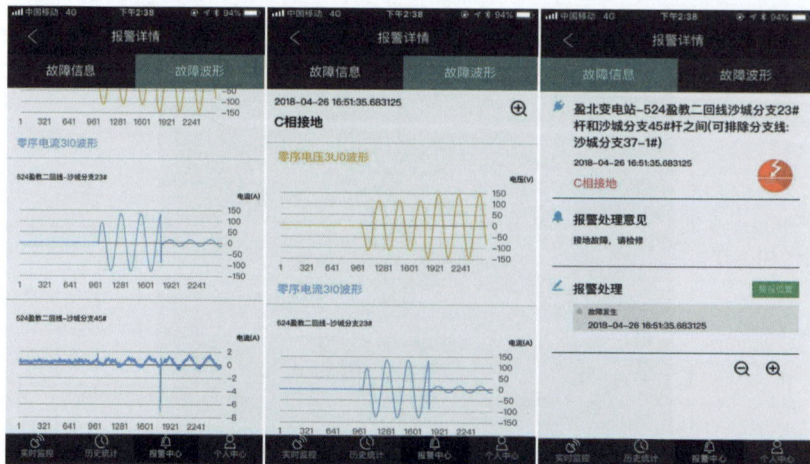

图 4-35　盈教二回沙城线 34 号杆塔 C 相金属接地定位结果

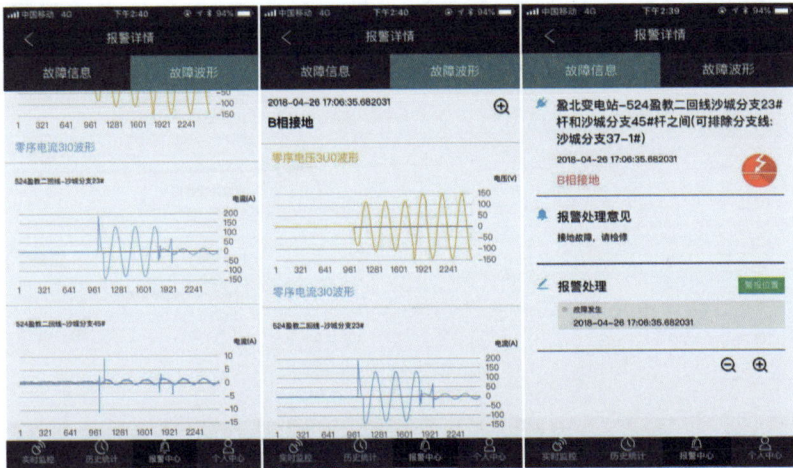

图4-36　盈教二回沙城线34号杆塔B相弧光接地定位结果

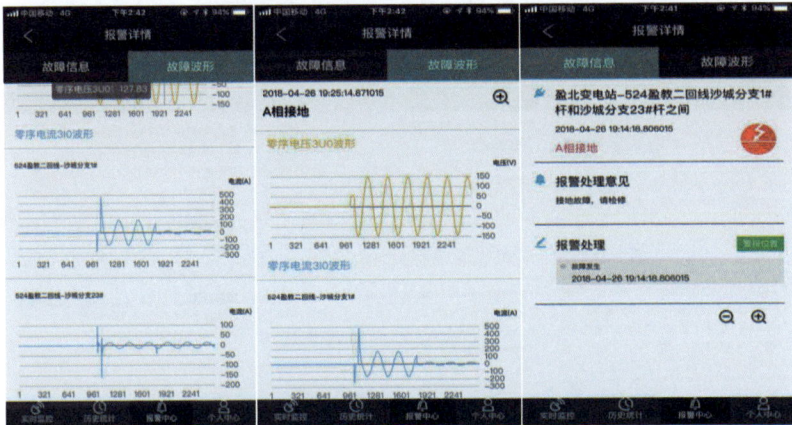

图4-37　盈教二回沙城线34号杆塔A相金属接地定位结果

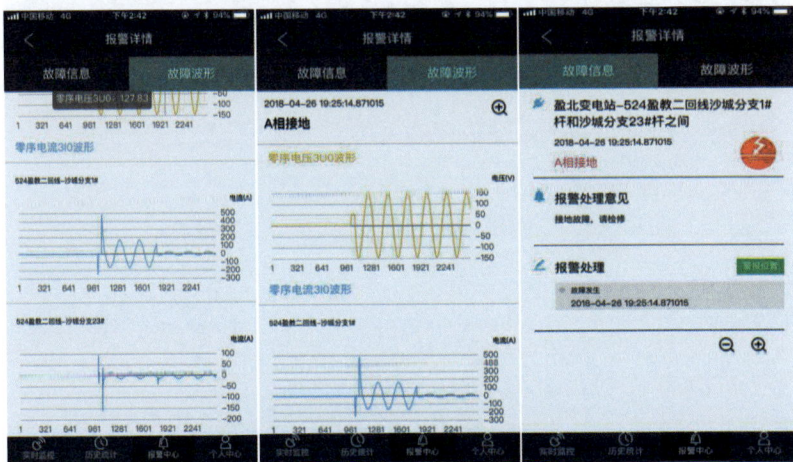

图4-38　盈教二回沙城线14号杆塔A相弧光接地定位结果

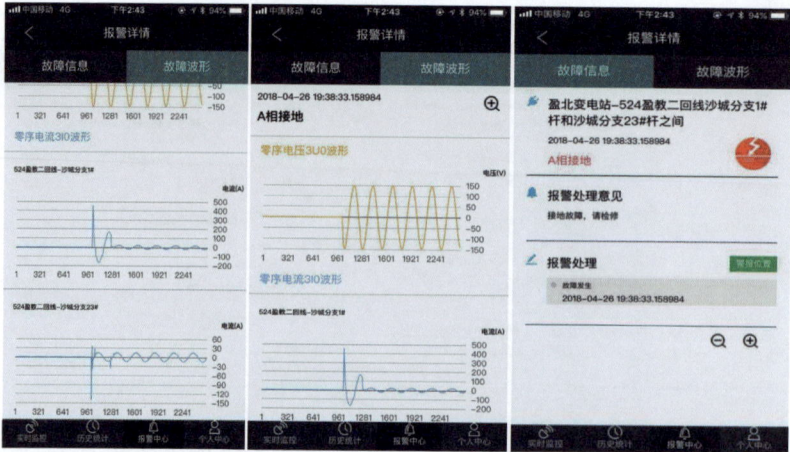

图 4-39　盈教二回沙城线 14 号杆塔 A 相高阻接地定位结果 1

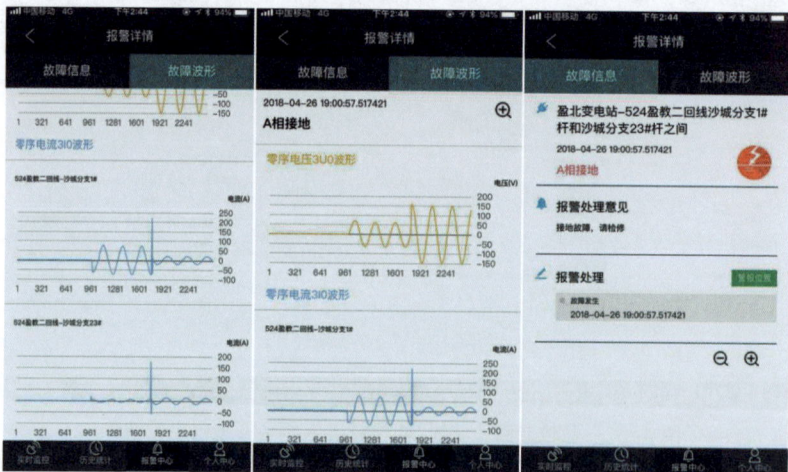

图 4-40　盈教二回沙城线 14 号杆塔 A 相高阻接地定位结果 2

参 考 文 献

[1] 陈火彬 .10kV 配电线路单相接地故障的检测和预防 [J]. 电力设备，2005（03）：62–64.

[2] 要焕年，曹梅月 . 电力系统谐振接地 .2 版 [M]. 北京：中国电力出版社，2009.

[3] 龚静 . 配电网综合自动化技术 [M]. 北京：机械工业出版社，2008.

[4] 牟龙华，孟庆海 . 供配电安全技术 [M]. 北京：机械工业出版社，2003.

[5] 贾清泉 . 非有效接地电网选线保护技术 [M]. 北京：国防工业出版社，2007.

[6] 齐郑，杨以涵 . 中性点非有效接地系统单相接地选线技术分析 [J]. 电力系统自动化，2004，28（14）：1–5.

[7] 周志成，付慧，凌建，等 . 消弧线圈并联中阻选线的单相接地试验及分析 [J].2009，35（5）：1054–1058.

[8] Chaari O., Meunier M, Francoise Brouaye.Wavelet：A new tool for the resonant grounded Powerdistribution systems relaying [J]. IEEE Trans. On Power Delivery，1997，11（3）：1301–1308.

[9] Siure L., Lars M..Sensitive earth fault protection for Mvdistribution system[C].CIRED，1991.

[10] Till W., Volker L., Rene F., et al. Location strategies and evaluation of dctcction algorithms for earth faults in compensated MV distribution systems [J]. IEEE Transactions on Power Delivery，2000，15（4）：1121–1128.

[11] Grifel D., Harmand Y., Bergeal J. 曹梅月，译 . 中压配电网：法国电力公司采用新的中性点接地方式 [J]. 沈阳电力技术，1997，（1）：29–36.

[12] 牟龙华，周伟，岳清玉 . 消弧线圈并串电阻接地式与接地保护原理研究 [J]. 煤炭学报，2009，34（8）：1138–1142.

[13] 肖白，束洪春，高峰 . 小电流接地系统单相接地故障选线方法综述 [J].

继电器，2001，29（4）：16-20.

[14] Zeng Xiangjun，Li K.，Chan W.,et a. On-Site Safety Evaluation for Earth Faults[J].IEEE Trans Ind Appl,2003,39（6）:1563-1568.

[15] 桑再中，张慧芬，潘贞存 . 用注入法实现小电流接地系统单相接地选线保护 [J]. 电力系统自动化，1996，20（2）：11-12.

[16] 陈国强，田翠华 . 基于信号注入法的快速消弧线圈接地技术 [J]. 高电压技术，2004，30（84）：22-24.

[17] 何奔腾，金华烽，李菊 . 能量方向保护原理和特性研究 [J]. 中国电机工程学报，1997，17（3）：169-170.

[18] 何奔腾，胡为进 . 能量法小电流接地选线原理 [J]. 浙江大学学报，1998，32（4）：451-457.